Nuevos enfoques en traducción científica, técnica y agroalimentaria

Míriam Pérez-Carrasco y Miriam Seghiri (eds.)

Nuevos enfoques en traducción científica, técnica y agroalimentaria

PETER LANG
Berlin · Bruxelles · Chennai · Lausanne · New York · Oxford

Información bibliográfica publicada por la Deutsche Nationalbibliothek
La Deutsche Nationalbibliothek recoge esta publicación en la Deutsche Nationalbibliografie; los datos bibliográficos detallados están disponibles en Internet en http://dnb.d-nb.de.

Catalogación en publicación de la Biblioteca del Congreso
Para este libro ha sido solicitado un registro en el catálogo CIP de la Biblioteca del Congreso.

ISBN 978-3-631-92973-5 (Print)
ISBN 978-3-631-92974-2 (ePDF)
ISBN 978-3-631-92975-9 (ePUB)
DOI 10.3726/b22533

Publicado por Peter Lang GmbH, Berlin (Alemania)

info@peterlang.com

Esta publicación ha sido revisada por pares.

www.peterlang.com

Contacto sobre el Reglamento relativo a la seguridad general de los productos (RSGP): gpsr@peterlang.com

Comité científico

Índice

Lista de figuras 9

Lista de tablas 13

Prólogo 17

Introducción 21

BLOQUE 1. Traducción científica

Base de datos lexicográfica para traductores médicos (inglés-español): cardiología y oncología 29
Lucía Escribano Meseguer

La terminología especializada: creación de un glosario bilingüe (inglés-español) para la traducción de cirugía de la rodilla 49
Javier Eloy Guzmán Terrón y Encarnación Postigo Pinazo

Documentación especializada y traducción: un estudio de necesidades para la TISP 65
María del Mar Sánchez Ramos

Traducción automática: análisis empírico y comparativo de la fiabilidad lingüística y textual en la traducción de resúmenes científicos (EN/FR>ES) 81
María Azahara Veroz-González

Qué se traerá gApp entre manos… O cómo mejorar la traducción automática neuronal de variantes somáticas (ES>EN/DE/FR/IT/PT) 105
Carlos Manuel Hidalgo-Ternero y Gloria Corpas Pastor

BLOQUE 2. Traducción técnica

Problemas de traducción del texto técnico alemán-español: comparativa de errores humanos y de la traducción automática 129
María Pilar Castillo Bernal

Certificados de conformidad de aerogeneradores: análisis de traducción y propuesta de soluciones 147
María Recuenco Peñalver

Generación de una plantilla de redacción de especificaciones técnicas de impresoras 3D: un estudio basado en corpus 173
Ángela Luque Giráldez

BLOQUE 3. Traducción agroalimentaria

La traducción automática inglés-español aplicada a los formularios de la industria agroalimentaria 197
María Teresa Ortego Antón y Carolina Honra Serrano

La terminología del sector del café a través del corpus *DIACOM-es*: variación diatópica y enseñanza de la traducción 219
Dunia Hourani-Martín, Elisa Sartor y Matteo De Beni

Lista de figuras

Base de datos lexicográfica para traductores médicos (inglés-español): cardiología y oncología
Lucía Escribano Meseguer

Figura 1: Base de datos de cardiología y oncología 32

La terminología especializada: creación de un glosario bilingüe (inglés-español) para la traducción de cirugía de la rodilla
Javier Eloy Guzmán Terrón y Encarnación Postigo Pinazo

Figura 1: Resultados ofrecidos por AntConc 57
Figura 2: Resultados ofrecidos por ParaConc 58

Documentación especializada y traducción: un estudio de necesidades para la TISP
María del Mar Sánchez Ramos

Figura 1: Ejemplo de concordancia para la palabra virus (FR) con Sketch Engine 73

Traducción automática: análisis empírico y comparativo de la fiabilidad lingüística y textual en la traducción de resúmenes científicos (EN/FR>ES)
María Azahara Veroz-González

Figura 1: Número total de errores del subcorpus en francés clasificados por tipología 92

Figura 2: Gravedad de los errores con Google Translate en el subcorpus en francés ... 94
Figura 3: Gravedad de los errores con DeepL en el subcorpus en francés ... 94
Figura 4: Número total de errores del subcorpus en inglés clasificados por tipología ... 96
Figura 5: Gravedad de los errores con Google Translate en el subcorpus en inglés ... 97
Figura 6: Gravedad de los errores con DeepL en el subcorpus en inglés ... 99
Figura 7: Penalizaciones totales ... 100

Qué se traerá gApp entre manos... O cómo mejorar la traducción automática neuronal de variantes somáticas (ES>EN/DE/FR/IT/PT)
Carlos Manuel Hidalgo-Ternero y Gloria Corpas Pastor

Figura 1: Resultados de ModernMT para *traer(se) entre manos* ... 112
Figura 2: Resultados de DeepL para *traer(se) entre manos* ... 113
Figura 3: Resultados de Google Translate para *traer(se) entre manos* ... 113
Figura 4: Resultados de ModernMT para *tener entre manos* ... 117
Figura 5: Resultados de DeepL para *tener entre manos* ... 117
Figura 6: Resultados de Google Translate para *tener entre manos* ... 118
Figura 7: Resultados de ModernMT para *llevar(se) entre manos* ... 119
Figura 8: Resultados de DeepL para *llevar(se) entre manos* ... 119
Figura 9: Resultados de Google Translate para *llevar(se) entre manos* ... 120

Certificados de conformidad de aerogeneradores: análisis de traducción y propuesta de soluciones
María Recuenco Peñalver

Figura 1: Statista (2022) ... 149

Generación de una plantilla de redacción de especificaciones técnicas de impresoras 3D: un estudio basado en corpus
Ángela Luque Giráldez

Figura 1: Ejemplo de superestructura de una especificación técnica de impresoras 3D ... 178

Figura 2: Frecuencia de aparición de los términos «especificaciones» y «especificaciones técnicas» en el corpus ES3DCOR 179
Figura 3: Búsqueda en el corpus ES3DCOR de «Propiedades de impresión» con la opción *Concordance* de AntConc 180
Figura 4: Búsqueda en el corpus ES3DCOR de «Propiedades de impresión» con *Concordance Plot* de AntConc 181
Figura 5: Ejemplo de microestructura de una especificación técnica 185
Figura 6: Muestra de un fragmento de la plantilla de especificación técnica incompleta (arriba) y completa (abajo) 187
Figura 7: Muestra de autocompletado en la plantilla de especificación técnica de las características según la tecnología utilizada por la impresora 187

La traducción automática inglés-español aplicada a los formularios de la industria agroalimentaria
María Teresa Ortego Antón y Carolina Honra Serrano

Figura 1: Primer fragmento de la muestra de análisis 202
Figura 2: Segundo fragmento de la muestra de análisis 203
Figura 3: Categorización de errores por sistemas de TA 209

Lista de tablas

Base de datos lexicográfica para traductores médicos (inglés-español): cardiología y oncología
Lucía Escribano Meseguer

Tabla 1: Número de lenguas y soporte ... 34
Tabla 2: Porcentaje de interés y soporte ... 35
Tabla 3: Número de lenguas y soporte ... 36
Tabla 4: Porcentaje de interés y soporte ... 38

La terminología especializada: creación de un glosario bilingüe (inglés-español) para la traducción de cirugía de la rodilla
Javier Eloy Guzmán Terrón y Encarnación Postigo Pinazo

Tabla 1: Ejemplo de definición propia de retrógrado ... 58
Tabla 2: Ejemplos del glosario ... 59

Documentación especializada y traducción: un estudio de necesidades para la TISP
María del Mar Sánchez Ramos

Tabla 1: Resultados del cuestionario administrado tras la sesión dedicada a los corpus y gestores de concordancias para la TISP ... 75

Traducción automática: análisis empírico y comparativo de la fiabilidad lingüística y textual en la traducción de resúmenes científicos (EN/FR>ES)
María Azahara Veroz-González

Tabla 1: Protocolo de compilación ... 88
Tabla 2: Información sobre el corpus ... 88
Tabla 3: Ejemplo de errores graves FR>ES ... 95
Tabla 4: Ejemplo de errores EN>ES ... 97
Tabla 5: Ejemplo de errores de ininteligibilidad EN>ES ... 98

Qué se traerá gApp entre manos... O cómo mejorar la traducción automática neuronal de variantes somáticas (ES>EN/DE/FR/IT/PT)
Carlos Manuel Hidalgo-Ternero y Gloria Corpas Pastor

Tabla 1: Coapariciones de los somatismos objeto de estudio ... 110
Tabla 2: Coaparición de modificadores adjetivales de significado negativo para *plan*, *proyecto*, *tarea* y *asunto* ... 111
Tabla 3: Fragmentos KWIC del TO con *traer(se) entre manos* antes y después de gApp ... 114
Tabla 4: Resultados de los sistemas TAN antes y después de la conversión del somatismo del TO *traer(se) entre manos* con gApp ... 114
Tabla 5: Resultados globales con la mejora de gApp para las distintas lenguas y sistemas TAN ... 121
Tabla 6: Resultados globales de los distintos somatismos en forma discontinua y continua ... 122

Problemas de traducción del texto técnico alemán-español: comparativa de errores humanos y de la traducción automática
María Pilar Castillo Bernal

Tabla 1: Ejemplos de correcciones a la TH y errores de la TA (texto 1) ... 135
Tabla 2: Total de errores de la TH y la TA ... 137
Tabla 3: Ejemplos 7-10 ... 140

Certificados de conformidad de aerogeneradores: análisis de traducción y propuesta de soluciones
María Recuenco Peñalver

Tabla 1: Orientación de posgrados con asignaturas de traducción técnica 151

Generación de una plantilla de redacción de especificaciones técnicas de impresoras 3D: un estudio basado en corpus
Ángela Luque Giráldez

Tabla 1: Plantilla de redacción de especificación técnica de impresora 3D (elaboración propia) 188

La traducción automática inglés-español aplicada a los formularios de la industria agroalimentaria
María Teresa Ortego Antón y Carolina Honra Serrano

Tabla 1: Clasificación de errores 206
Tabla 2: Posedición y distancia de edición 211

La terminología del sector del café a través del corpus *DIACOM-es*: variación diatópica y enseñanza de la traducción
Dunia Hourani-Martín, Elisa Sartor y Matteo De Beni

Tabla 1: Dominios y subdominios considerados en el corpus DIACOM 223
Tabla 2: Resultados de la extracción de la familia léxica de *café* 226
Tabla 3: Ocurrencias de las denominaciones de la actividad de cultivo del café 229
Tabla 4: Ocurrencias de las denominaciones de los agentes 231

Prólogo

La actividad translativa, como otras muchas, ha experimentado una eclosión de cambios en los últimos decenios. El efecto de la globalización y el desarrollo de nuevas formas de comunicación han tenido un impacto indudable en el devenir de los acontecimientos y en la gestión empresarial, técnica, científica o agroalimentaria. En la actualidad asistimos, como testigos o como actores, a la revolución de la inteligencia artificial, y no son pocas las voces que ya afirman que la labor del traductor ha cambiado y también la forma en la que se respetan los parámetros de calidad de las traducciones resultantes.

Esta nueva situación, que podría considerarse un cambio de paradigma, ha generado planteamientos en torno a cómo abordar la traducción de textos. Estamos ante un volumen que, precisamente, aborda estos nuevos enfoques en la traducción especializada, con una clara aplicación de los estudios que aquí vemos a la gestión de corpus textuales y lingüísticos y al empleo de modelos neuronales para la traducción de los textos. El compendio de capítulos queda ordenado en tres bloques distintos: en primer lugar, se aborda la traducción científica; la segunda parte del volumen contiene trabajos dedicados a la traducción técnica; y cierra el volumen un bloque destinado a la traducción agroalimentaria.

Así, inicia el volumen el estudio de Escribano Meseguer, centrado en la evaluación de bases de datos lexicográficas bilingües inglés-español para sectores altamente especializados, como es el caso de la cardio-oncología; en el ámbito de la medicina, Guzmán Terrón y Postigo Pinazo compilan y estudian un corpus lingüístico también en inglés y español para elaborar un glosario de más de una centena de términos relacionados con la cirugía de rodilla, de amplia utilidad no solo para traductores e intérpretes, sino también para la comunicación médico-paciente, que sin duda facilitará la labor de los facultativos; en tercer lugar, Sánchez Ramos aborda la documentación y las necesidades documentales del traductor e intérprete en los servicios públicos a partir del análisis de herramientas de corpus y gestores de concordancia para los idiomas francés, ruso y árabe, dentro de los estudios de posgrado que ofrece el Máster en Comunicación Intercultural, Traducción e Interpretación en los Servicios Públicos de la Universidad de Alcalá. A continuación, la traducción automática aplicada a las combinaciones lingüísticas inglés-español y francés-español es abordada por Veroz-González, a partir del empleo de Google Translate y DeepL para la traducción de resúmenes científicos en las lenguas de trabajo mencionadas. Finalizan este primer bloque Hidalgo-Ternero y Corpas Pastor, quienes estudian la eficacia del procesamiento de texto gAPP en la traducción inversa español-inglés/alemán/francés/italiano/portugués y su incidencia en el rendimiento de tres sistemas de traducción automática neuronal —ModernMT, DeepL y Google Translate— aplicado a la translación de construcciones españolas conformadas por una forma verbal más un sintagma preposicional a las lenguas de trabajo mencionadas.

El segundo de los bloques, dedicado a la traducción técnica, se inicia con el estudio de Castillo Bernal, quien contempla los errores procedentes tanto de la traducción humana como de la traducción automática neuronal y la correspondiente posedición en textos del ámbito de la tecnología nuclear en la combinación lingüística alemán-español, para también comparar los resultados obtenidos en la traducción resultante realizada de forma automática y aquella otra procedente de la actividad de un traductor humano; en el segundo capítulo de este bloque, Recuenco Peñalver aborda la traducción de un género textual propio del sector de las energías renovables, a saber, el certificado de conformidad de aerogeneradores, desde el inglés al español, en el que pone de manifiesto la alta densidad léxica y fraseológica de estos textos, las convenciones textuales del género, así como la escasez de trabajos y de referencias dedicados a este ámbito de la traducción técnica. Cierra el bloque Luque Giráldez con un estudio basado en corpus denominado ES3DCOR, a partir del cual nos ofrece una plantilla de redacción para especificaciones técnicas de impresoras 3D.

El último de los bloques se ocupa de la traducción agroalimentaria y está conformado por dos estudios; el primero de ellos, de Ortego Antón y Honra

Serrano, analiza la efectividad de modelos neuronales como Bing, DeepL y Google Translate para la traducción inglés-español de textos del sector vegano y vegetariano; en él, mediante la aplicación del sistema Multidimensional Quality Metrics (MQM), analizan los parámetros de precisión, fluidez y terminología de las traducciones resultantes y realizan la correspondiente posedición, a partir de la cual calculan la distancia de edición y establecen el grado de efectividad de cada uno de los modelos estudiados. Cierra el bloque, y con ello el volumen, la contribución de Hourani-Martín, Sartor y De Beni, quienes analizan la pertinencia del empleo de DIACOM-es (un corpus diacrónico especializado en textos comerciales en lengua española) para la enseñanza de la traducción italiano-español de textos relacionados con la producción, comercialización y consumo del café.

La lectura del volumen proporcionará al lector, pues, información valiosa sobre el estado de la cuestión en torno a la gestión de corpus, el empleo de herramientas para gestionar textos ya conocidas, así como otras de novedosa actualidad, al tiempo que le permitirá conocer el comportamiento de modelos neuronales para la traducción automática (*TAN*) en estos ámbitos especializados, no solo en combinaciones lingüísticas ya asentadas y con toda probabilidad mucho más desarrolladas, como es la de inglés-español, sino también en otras que, en menor medida, han sido estudiadas por los distintos especialistas, como pueden ser la de alemán-español, ruso-español, árabe-español o italiano-español.

En definitiva, Míriam Pérez-Carrasco y Miriam Seghiri Domínguez, editoras del volumen, auspician, bajo el título *Nuevos enfoques en traducción científica, técnica y agroalimentaria*, una nueva perspectiva para analizar tres ámbitos de la traducción altamente especializados, desde presupuestos traductológicos nuevos y actuales, que proporcionan a investigadores, científicos, profesionales, traductores e intérpretes una valiosa información para el ejercicio profesional de calidad y el avance investigador que la especialidad demanda.

M.ª del Carmen Balbuena Torezano
Catedrática de Traducción e Interpretación de la Universidad de Córdoba

Introducción

El constante desarrollo de la ciencia y la tecnología, en un mundo cada vez más interconectado, es el motivo principal detrás del gran número de textos que se publican anualmente en estos ámbitos. Esto genera a su vez una gran demanda de traducción en estas áreas. De hecho, son numerosos los estudios que consideran que este el perfil científico-técnico es el más solicitado dentro del ámbito profesional de la traducción. En concreto, Kingscott (2002)[1] apunta que la traducción técnica supone el 90 % de la demanda de traducción profesional en el mundo. En España, Rico y García Alarcón (2016)[2] estiman que las empresas del sector técnico e industrial también son, seguidas de aquellas dedicadas a la salud y la farmacia, las que mayor número de traducciones demandan. Como señalan Sánchez Cárdenas y López Rodríguez (2020),[3] estos datos coinciden con los tipos de empresas que generan una mayor facturación anual.

Hace solo un par de décadas, Franco Aixelà (2004)[4] señalaba que los textos científico-técnicos eran aún los grandes relegados de la investigación desde

1 Kingscott, Geoffrey (2002). Technical Translation and Related Disciplines. *Perspectives: Studies in Translatology*, 10(4), 247–255.

2 Rico Pérez, Celia y García Aragón, Álvaro (2016). *Análisis del sector de la traducción en España (2014–2015)*. Madrid: Universidad Europea.

3 Sánchez Cárdenas, Beatriz y López Rodríguez, Clara Inés (2020). *Retos de la traducción científico-técnica profesional. Teoría, metodología y recursos*. Granada: Comares.

4 Franco Aixelá, Javier (2004). The Study of Technical and Scientific Translation: An Examination of its Historical Development. *Journal of Specialised Translation*, *1*, 29–49.

el ámbito de la traductología, pues el lenguaje que los caracteriza solía considerarse poco creativo y, por consiguiente, de poco interés para los estudiosos de la traducción. Sin embargo, como reflejan análisis posteriores, la situación parece estar cambiando y el interés generado por este tipo de traducción en particular está creciendo de manera exponencial (Franco Aixelà, 2013).[5] Para entender su evolución, podemos partir de los algo más de mil estudios que, según los datos recogidos en la base de datos bibliográfica sobre traducción e interpretación BITRA,[6] se dedicaron a la traducción científico-técnica en la década de los noventa (Franco Aixelà, 2013). Poco tiene que ver esta cifra con los más de ocho mil resultados que recoge hoy en día la misma base de datos (Faya y Quijada, 2020).[7]

El presente volumen, titulado *Nuevos enfoques en traducción científica, técnica y agroalimentaria*, recoge un total de 10 capítulos, los cuales abordan diferentes aspectos sobre la práctica profesional y la didáctica de la traducción especializada en dichos ámbitos. Cabe destacar que la mayoría de los investigadores han centrado su contribución en dos tipos de recursos actualmente en auge, a saber, los corpus lingüísticos y las herramientas de traducción automática neuronal. Así, por una parte, en la obra se recogen algunas de las aplicaciones que ofrecen los corpus lingüísticos, como puede ser la extracción terminológica para el análisis léxico-semántico y terminológico de los términos, así como para la creación de recursos tales como glosarios o plantillas de redacción. Además, también se plantea la inclusión de este tipo de herramientas en el aula de traducción especializada. Por otra parte, algunos investigadores han puesto a prueba diferentes plataformas dedicadas a la traducción automática neuronal. Esto los ha llevado a abordar una tarea surgida recientemente en el mundo profesional de la traducción: la posedición. También son varias

---

5 Franco Aixelá, Javier (2013). La traducción científico-técnica: aportaciones desde los estudios de traducción (Scientific and Technical Translation: Contributions from Translation Studies). *Letras, 53*, 37–60.

6 BITRA es la Bibliografía de Interpretación y Traducción. Esta base de datos fue creada por Javier Franco Aixelá en el Departamento de Traducción e Interpretación de la Universidad de Alicante. Este recurso puede consultarse en https://dti.ua.es/es/bitra/introduccion.html.

7 Faya, Goretti y Quijada, Carmen (2020). Technical and Medical Translation. En Roberto A. Valdeón y África Vidal, *The Routledge Handbook of Spanish Translation* (pp. 288–310). Londres/Nueva York: Routledge.

las contribuciones dedicadas a algunos de los géneros textuales típicos del ámbito científico-técnico.

Como indica su propio título, la obra está dividida en tres grandes bloques, dedicados a la traducción científica, técnica y agroalimentaria, respectivamente. El primer bloque se abre con el trabajo de Lucía Escribano Meseguer, titulado «Base de datos lexicográfica para traductores médicos (inglés-español): cardiología y oncología». En él, la autora propone una plantilla que permite evaluar y revisar recursos lexicográficos a partir de diferentes categorías. En este caso, se centra en los recursos documentales disponibles para dos de las especialidades médicas más traducidas en España (cardiología y oncología), en la combinación lingüística inglés-español. Cabe destacar que Escribano Meseguer pone a disposición de cualquier usuario que pueda estar interesado una base de datos en la cual se incluyen los más de 50 recursos que han sido evaluados.

La segunda contribución, también centrada en el ámbito médico, está titulada «La terminología especializada: creación de un glosario bilingüe (inglés-español) para la traducción de cirugía de la rodilla» y corre a cargo de Javier Eloy Guzmán Terrón y Encarnación Postigo Pinazo. En ella estudian la terminología especializada del ámbito de la cirugía y, más concretamente, cirugía de la rodilla, para lo cual se sirven de la compilación y el análisis de un corpus lingüístico formado por textos procedentes de revistas científicas, sitios web oficiales, enciclopedias, diccionarios y glosarios, publicados en inglés y español. La explotación de dicho corpus les permite extraer la terminología más recurrente en ambas lenguas, a partir de la cual elaboran un glosario especializado bilingüe (inglés-español). Cabe destacar, una vez más, que el recurso generado en este estudio se ha puesto a disposición del público que pueda estar interesado.

A este capítulo le sigue el realizado por María del Mar Sánchez Ramos, titulado «Documentación especializada y traducción: un estudio de necesidades documentales en la TISP». En él, la autora realiza un estudio descriptivo sobre la percepción, adecuación y utilidad que una cohorte multilingüe (francés, ruso y árabe) tiene sobre un módulo centrado en corpus y gestores de concordancias dentro de un programa de posgrado en traducción e interpretación en los servicios públicos (TISP) en España. Los resultados del estudio dejan de manifiesto que la formación en el empleo de corpus y gestores de concordancias como herramientas de documentación digital es aún muy pobre; sin embargo, la inclusión de este tipo de recursos en el aula de TISP aporta numerosos beneficios a los estudiantes, pues esta práctica les permite desarrollar y consolidar sus destrezas documentales, así como mejorar su capacidad para trabajar de forma autónoma.

A continuación, en «Traducción automática: análisis empírico y comparativo de la fiabilidad lingüística y textual en la traducción de resúmenes científicos (EN/FR>ES)», María Azahara Veroz-González analiza las traducciones propuestas por dos de los servicios de traducción automática gratuita más populares actualmente: Google Translate y DeepL. Para ello, compila un corpus formado por resúmenes científicos en inglés y francés y define los parámetros de análisis con los que determinará la calidad de las traducciones automáticas ofrecidas por las herramientas de traducción automática elegidas. En concreto, aplica el sistema Multidimensional Quality Metrics (MQM) y se centra en tres de los errores que el MQM propone: precisión, fluidez y terminología. Además de estudiar la calidad de las traducciones obtenidas, Veroz-González enumera diferentes pautas para mejorar los resultados de la traducción automática y reducir a su vez el tiempo de posedición, paso que parece resultar aún hoy imprescindible para conseguir un texto final de calidad tras el empleo de programas de traducción automática.

Cierran el primer bloque Carlos Manuel Hidalgo-Ternero y Gloria Corpas Pastor con el capítulo «Qué se traerá gApp entre manos… O cómo mejorar la traducción automática neuronal de variantes somáticas (ES>EN/DE/FR/IT/PT)». En esta ocasión, los autores ponen a prueba la eficacia de gApp, un sistema de procesamiento de texto que permite identificar y convertir de forma automática las expresiones pluriverbales desde sus formas discontinuas hacia sus formas continuas, con el fin de optimizar el rendimiento de los sistemas de traducción automática neuronal (TAN) existentes hoy en día. Para ello, realizan un experimento mediante el cual traducen somatismos (es decir, expresiones pluriverbales que contienen una referencia a un órgano o parte del cuerpo humano o animal) utilizando tres sistemas de TAN, a saber: ModernMT, DeepL y Google Translate. En concreto, se analiza el rendimiento de los mismos para la traducción de construcciones con la estructura verbo más sintagma preposicional [V+SP] de español hacia alemán, francés, inglés, italiano y portugués.

El segundo bloque del volumen está dedicado a la traducción técnica. Este comienza con una contribución de María Pilar Castillo Bernal, titulada

«Problemas de traducción del texto técnico alemán-español: comparativa de errores humanos y de la traducción automática». En ella, la autora aborda los problemas de traducción surgidos al emplear sistemas de TAN y posedición a partir de un corpus conformado por textos paralelos en la combinación alemán-español del ámbito técnico, concretamente tecnología nuclear. En primer lugar, Castillo Bernal analiza los errores detectados por revisores profesionales siguiendo un baremo de elaboración propia, el cual tiene en cuenta las características del género textual en cuestión. En segundo lugar, la investigadora realiza una traducción automática mediante DeepL de los fragmentos que más problemas han causado. Por último, compara los resultados de la traducción humana con los de la traducción automática.

Seguidamente, en el capítulo «Certificados de conformidad de aerogeneradores: análisis de traducción y propuesta de soluciones», María Recuenco Peñalver se centra en la traducción de textos técnicos pertenecientes al ámbito de las energías renovables. En particular, la autora estudia la traducción de certificados de conformidad de aerogeneradores en la combinación inglés-español. Para ello, parte de un análisis profundo del texto, lo que le permite identificar las dificultades que plantea la traducción de un género textual caracterizado por el nivel de especialización y las convenciones textuales que lo rigen. Dada la escasa bibliografía sobre la temática y el género en cuestión, las indicaciones y sugerencias que la autora plantea en su contribución pueden ser de utilidad tanto para los profesionales que se enfrenten a una traducción de estas características, como para los profesores o estudiantes que se embarquen en el análisis textual o la traducción de un certificado similar al estudiado.

El último trabajo incluido en el bloque sobre traducción técnica también está centrado en el estudio de una tipología textual en concreto, en este caso las especificaciones técnicas. Así, Ángela Luque Giráldez dedica el inicio de «Generación de una plantilla de redacción de especificaciones técnicas de impresoras 3D: un estudio basado en corpus» a la reflexión sobre este tipo de textos y cómo podría clasificarse dentro de los textos técnicos. Seguidamente, analiza de manera pormenorizada la estructura del género textual en cuestión desde tres niveles (super-, macro- y microestructural). Para ello se sirve del corpus ES3DCOR, el cual contiene 72 especificaciones técnicas de impresoras 3D redactadas en español. A través del análisis de dicho corpus, la autora extrae las estructuras y términos más recurrentes en los textos objeto de estudio. Por último, pone a disposición de los usuarios interesados una plantilla de redacción de una especificación técnica en español, la cual recoge las estructuras y características utilizadas con mayor frecuencia en el corpus empleado.

El tercer y último bloque del volumen, dedicado a la traducción agroalimentaria, incluye dos contribuciones. En la primera de ellas, «La traducción automática inglés-español aplicada a los formularios de la industria agroalimentaria», María Teresa Ortego Antón y Carolina Honra Serrano aplican varios de los principales sistemas de TAN (Bing, DeepL y Google) a la traducción del inglés al español del género textual formulario perteneciente al sector agroalimentario. En particular, se trata de un formulario de solicitud de certificación vegana y vegetariana. En primer lugar, las autoras categorizan y analizan los errores cometidos por cada sistema de TAN, para lo cual emplean la métrica MQM. A continuación, realizan la posedición de los segmentos traducidos y calculan la distancia de edición, es decir, el porcentaje de segmento que ha sido necesario modificar para que el resultado final ofrezca una calidad similar a una traducción humana. El objetivo es establecer cuál de los sistemas ha ofrecido mejores resultados en la traducción del mencionado género textual en la combinación inglés-español, teniendo en cuenta el número de errores cometidos, así como el proceso de posedición necesario para solventarlos.

El volumen se cierra con el capítulo «La terminología del sector del café a través del corpus DIACOM-es: variación diatópica y enseñanza de la traducción», de Dunia Hourani-Martín, Elisa Sartor y Matteo De Beni. Este versa sobre las distintas aplicaciones del corpus DIACOM-es para la enseñanza de la traducción italiano-español sobre el sector agroalimentario, concretamente la terminología del café. El corpus empleado se caracteriza por su perspectiva tanto diatópica, pues incluye textos del ámbito comercial de los distintos países hispanohablantes, como diacrónica, ya que está dividido en tres cortes temporales (1850–1914, 1945–1970 y 1990–2018). En esta ocasión, los investigadores se sirven de dicho corpus para la extracción de una muestra de unidades terminológicas en lengua española a partir de la cual realizan un análisis tanto léxico-semántico como morfológico.

Para concluir, cabe subrayar el enfoque eminentemente práctico de la presente obra, dedicada a los últimos avances en traducción científica, técnica y agroalimentaria. En ella encontramos un amplio abanico de temáticas, que incluyen desde especialidades médicas como la oncología, la cardiología o la cirugía, hasta la traducción e interpretación en el sector público u otras áreas como son la tecnología nuclear, las energías renovables, las impresoras 3D o el sector del café, entre otras. También destaca la atención prestada a algunos géneros textuales técnicos —como los resúmenes científicos, los certificados de conformidad, las especificaciones técnicas o los formularios, entre otros—. Además, se presentan y aplican distintas herramientas. En concreto abundan aquellas dedicadas a la compilación y la gestión de corpus lingüísticos (AntConc, KonText, ParaConc, Sketch Engine) o a la traducción automática neuronal (Bing, DeepL, Google Translate, ModernMT), pero también encontramos trabajos en los que se aplican recursos centrados en la extracción terminológica (TermoStat) o la conversión automática de expresiones idiomáticas (gApp). Debemos subrayar asimismo el número de autores que ha puesto a disposición de los usuarios los productos resultantes de su investigación. Entre ellos encontramos una base de datos de recursos lexicográficos, un glosario especializado y una plantilla de redacción, lo cual demuestra la variedad y carácter práctico de las contribuciones recogidas en este volumen. Por último, cabe subrayar que, a pesar de que el grueso de los trabajos esté dedicado al par de lenguas inglés-español, en la presente obra también tienen cabida otros idiomas (alemán, árabe, francés, italiano, portugués y ruso). En definitiva, este volumen constituye una fuente de información de gran valía y actualidad para investigadores, docentes, estudiantes y profesionales de la traducción especializada en unos ámbitos tan demandados hoy en día como son el científico, técnico y agroalimentario.

Míriam Pérez-Carrasco
Universidad de Córdoba
Miriam Seghiri
Universidad de Málaga IUITLM[8]

---

[8] El presente proyecto se enmarca en el seno de las actividades del Instituto Universitario de Investigación de Tecnologías Lingüísticas Multilingües (IUITLM), así como del Grupo de Investigación consolidado LexyTrad (HUM-106) y del Grupo Permanente de Innovación Educativa en Tecnologías Lingüísticas Aplicadas a la Enseñanza-Aprendizaje de la Traducción (TRADUTEACH). Igualmente, se enmarca parcialmente en el marco de los siguientes proyectos: GAMETRAPP (ref. TED2021-129789B-I00), VIP (II) (ref. PID2020-112818GB-I00), PROMOTUR (ref. PID2024-160929OB-I00), DICENS (C-HUM-106-UGR23) y DIFARMA (ref. DIFARMA).

Base de datos lexicográfica para traductores médicos (inglés-español): cardiología y oncología

*Lucía Escribano Meseguer**

RESUMEN
La traducción médica aúna dos de las labores tradicionales más antiguas: la preocupación del ser humano por la salud y la necesidad de una traducción fiable para el traspaso de conocimiento de una lengua a otra. La traducción médica se enmarca dentro de la traducción científico-técnica y se caracteriza por la amplia presencia en sus textos de términos especializados. Es por ello por lo que resulta fundamental que un traductor se rodee de buenos recursos documentales con el fin de poder ofrecer la mejor traducción posible de los textos médicos especializados. Aunque esto no siempre es una tarea fácil debido, principalmente, al amplísimo abanico de opciones de documentación lexicográfica: enciclopedias, diccionarios, glosarios, tesauros, bases de datos, etc. El gesto más común cuando se necesita información lexicográfica es acudir a un motor de búsqueda, con frecuencia Google, para ver qué se puede encontrar. Con nuestra propuesta de revisión y evaluación de aquellos recursos que se pueden encontrar a través del motor de búsqueda Google, pretendemos dar respuesta a esta necesidad que tiene el traductor de comprobar si dichos recursos tienen el interés necesario para la situación de traducción en ese momento. En concreto, vamos a trabajar sobre los recursos de las especialidades médicas de cardiología y oncología por ser de las más traducidas en España y componentes de la subespecialidad médica de cardio-oncología.

Palabras clave: plantilla de análisis, traducción médica, base de datos, lexicografía, cardio-oncología

ABSTRACT
Medical translation combines two of the oldest traditional tasks: the concern of the human being for health and the need for a reliable translation to transfer knowledge from one language into another. Medical translation is part of scientific-technical translation and is characterized by the wide presence of specialized terms in its texts. Thus, it is essential for a translator to surround himself with good documentary resources in order to be able to offer the best possible translation of specialized medical texts. However, this is not always an easy task, mainly due to the wide range of lexicographic documentation options: encyclopedias, dictionaries, glossaries, thesauri, databases, etc. The most common step when lexicographic information is needed is to go to a search engine, usually Google, to see what can be found. With our proposal to review and evaluate those resources that

* Universidad de Málaga, lucia.escribano@uma.com

can be found through the Google search engine, we intend to respond to this need for the translator to check whether those resources are interesting enough for the given translation situation. Specifically, we will work on the resources of the medical specialties of cardiology and oncology, as they are among the most translated in Spain and are the components of the medical subspecialty of cardio-oncology.

Keywords: analysis template, medical translation, database, lexicography, cardio-oncology

1. Introducción

Por todo traductor es sabido que el campo de la traducción es muy complejo. Un traductor puede enfrentarse a numerosos tipos de textos pertenecientes a áreas del conocimiento más o menos especializadas, pero que difieren mucho entre sí en cuanto a estructura y terminología. Dentro de la traducción especializada se encuentra la traducción médica, que es la que nos atañe en este trabajo. Es fundamental que el traductor se documente para realizar su labor de la mejor manera posible y conseguir así una traducción de calidad. En los textos médicos cobra una gran importancia el léxico específico de la especialidad médica sobre la que versa el texto, por lo tanto, la subcompetencia terminológica (Albarrán Martín, 2012) jugará un papel clave. Es aquí donde el traductor puede encontrarse con dificultades. Hoy en día existe un gran número de fuentes, en papel y en línea, en las que un profesional puede buscar la información terminológica que necesita. Por lo general, los traductores suelen preferir las consultas en línea (García Izquierdo y Conde Ruano, 2014), lo cual no quiere decir que los recursos que se encuentren en este formato vayan a ser los más adecuados. Con la plantilla de evaluación y la base de datos propuestas en Escribano Meseguer (2021a/en prensa y 2021b/en prensa) pretendemos ayudar al traductor a discernir si los recursos que se pueden encontrar en motores de búsqueda tan extendidos como Google, en este caso, podrían ser de verdadera utilidad para el traductor en cada ocasión.

La búsqueda de los recursos se ha llevado a cabo utilizando las siguientes palabras clave en el motor de búsqueda Google: cardiología, oncología, diccionario, glosario, monolingüe, bilingüe, multilingüe, inglés, español, cardiology, oncology, dictionary, glossary, monolingual, bilingual, multilingual, English, Spanish.

Ya se han analizado los recursos lexicográficos de las especialidades de obstetricia y ginecología, traumatología y cirugía (tres de las especialidades más demandadas por los profesionales médicos en España), cuyos resultados se pueden ver en Escribano Meseguer y Seghiri (2021/en prensa). No obstante, queremos ir más allá y comprobar si la plantilla de análisis y evaluación propuesta podría funcionar también para otras especialidades. Centraremos nuestro estudio, por un lado, en las especialidades de cardiología y oncología, puesto que están entre las más traducidas (García-Izquierdo y Conde Ruano, 2014; Corpas y Roldán, 2014). Además, estas dos especialidades se combinan en la cardio-oncología, «una subespecialidad creada recientemente como rama de la cardiología para prevenir y atender las posibles complicaciones cardiovasculares que presentan los pacientes con cáncer, leucemias y linfomas» (Vivas, 2019) y que está en auge.

> Esto se refleja, entre otros, en el aumento de la concienciación de la comunidad médica en cuanto a la importancia de la asistencia CV para los pacientes con cáncer, el crecimiento exponencial de las publicaciones sobre cardio-oncología, el reconocimiento de la especialidad por el *American College of Cardiology* en 2015, la aparición de revistas y revisiones de cardio-oncología y el número creciente de congresos internacionales dedicas a esta especialidad (Nhola y Villarraga, 2017, pág. 587).

2. Metodología de análisis y evaluación

Tal y como se ha hecho para otras especialidades (Escribano Meseguer y Seghiri, 2021/en prensa), antes de evaluar los recursos utilizando la plantilla de análisis, es necesario hacer una evaluación tanto de la propia plantilla como de los parámetros que esta incluye para cada una de las especialidades en cuestión. Tras consultar los recursos de las distintas especialidades, se pueden comprobar qué parámetros no se ofrecen nunca, señal de que no serían parámetros interesantes de evaluar en cierta especialidad. Así, los parámetros que se han suprimido de la plantilla original para las especialidades que se plantean en este estudio son tres (mapas, denominación y marcas).

De este modo, aquellos campos que sí se tienen en cuenta para la evaluación de los recursos que aquí nos ocupan son: año de publicación y de actualización, nivel terminológico, soporte en el que se encuentran, indicaciones (prólogo, índice de abreviaturas…), hipertexto (enlaces internos y externos), orden de las entradas (semasiológico u onomasiológico), definiciones, información gramatical, sinónimos y antónimos, ejemplos y, finalmente, ilustraciones.

BASE DE DATOS DE DICCIONARIOS ESPECIALIZADOS EN CARDIOLOGÍA Y ONCOLOGÍA (INGLÉS-ESPAÑOL)

Especialidad	Nombre del recurso	N.º lenguas	Lenguas	N.º páginas	N.º entradas	Año publicación	Última actuali	Nivel de	Soporte	Indicad	Mapas	Hipertexto	Orden de las	Definiciones	Información (	Denomina	Sinóni

FILTRAR

Especialidad	Nombre del recurso	N.º lenguas	Lenguas	N.º páginas	N.º entradas	Año publicación	Última actuali	Nivel de	Soporte	Indicad	Mapas	Hipertexto	Orden de las	Definiciones	Información (	Denomina	Sinóni
Cardiología	Glosario de términos (	Monolingüe	Español		40	2015		Medio	Internet	Sí		No	Semasiológica	Sí	No		No
Cardiología	Gestión de Pacientes	Monolingüe	Español	88	91	2013		Elevado	Internet	Sí		No	Semasiológica	No	No		No
Cardiología	Glosario CardioQuiró	Monolingüe	Español		81	2020	2021	Básico	Internet	No		No	Semasiológica	Sí	No		No
Cardiología	Glosario de Salud [So	Monolingüe	Español		179	2020	2021	Medio	Internet	Sí		No	Semasiológica	Sí	No		No
Cardiología	Glosario de terminolo	Monolingüe	Español		307	2019	2020	Medio	Internet	No		Enlaces inte	Semasiológica	Sí	No		Sí
Cardiología	Abbreviations [Revista	Monolingüe	Español	1	67	2007		Medio	Internet	No		No	Semasiológica	No	No		No
Cardiología	The heart - technical t	Monolingüe	Inglés	39	274	2007		Medio	Internet	Sí		Enlaces inte	Semasiológica	Sí	No		No
Cardiología	What is a cardiovascu	Monolingüe	Inglés		20	2016	2020	Básico	Internet	No		No	Semasiológica	Sí	No		No
Cardiología	A glossary of terms us	Monolingüe	Inglés		25	2010		Elevado	Internet	Sí		No	No	Sí	No		No
Cardiología	Heart conditions gloss	Monolingüe	Inglés		75	2013	2014	Medio	Internet	No		No	Semasiológica	Sí	No		No
Cardiología	Glossary of terms [Car	Monolingüe	Inglés		381	2012	2019	Medio	Internet	No		No	Semasiológica	Sí	No		No
Cardiología	Glossary of Cardiolog	Monolingüe	Inglés		21	2020		Medio	Internet	No		No	Semasiológica	Sí	No		No
Cardiología	Glossary [National Ins	Monolingüe	Inglés		80	2019		Elevado	Internet	No		No	Semasiológica	Sí	No		No

Figura 1: Base de datos de cardiología y oncología.[1]

Una vez completadas las plantillas con la información que nos ofrecen los recursos, se han incluido en una base de datos (cfr. Figura 1). Seguimos trabajando para incluirlas en una misma base de datos donde se integren todas las especialidades médicas estudiadas. En estas bases de datos es posible filtrar según los parámetros que le interesen al usuario y así encontrar los recursos que más se adecúen a sus necesidades puntuales.

En esta base de datos se incluye también la puntuación obtenida por los recursos lexicográficos al aplicarles la plantilla de evaluación, así como el porcentaje relativo al total de puntos que podrían obtener (Escribano Meseguer, 2021b/en prensa), lo que nos permite establecer los siguientes rangos de interés de los recursos para sus usuarios:

- Entre el 0 % y el 60 % de puntuación se considerará de interés bajo.
- Entre el 61 % y el 80 % se considerará de interés medio.
- Las puntuaciones iguales o superiores al 81 % se considerarán de interés alto para el usuario.

Todos los recursos analizados junto con el soporte en el que están disponibles, así como su puntuación y porcentaje de interés o calidad, aparecen recogidos en el Anexo I.

1 Base de datos disponible para su consulta en: https://drive.google.com/file/d/1Gtaro5JcOILEJXE0T609uZ_YfmRvwufL/view?usp=sharing.

3. Información extraída del análisis de los recursos

En este apartado se comentará la información extraída del análisis comparativo de los recursos de las dos especialidades que nos atañen en este estudio, cardiología y oncología.

3.1. Cardiología

El número de recursos en papel encontrados corresponde a la mitad de los recursos en línea, 9 frente a 18 (cfr. Tabla 1), la mitad, aunque este número menor no los hace menos válidos. Al contrario, los recursos en papel son de una calidad considerablemente superior a los demás, a juzgar por las puntuaciones que obtienen, pues casi todos ellos alcanzan los más altos porcentajes de la especialidad: entre el 61 % y el 78 %, siendo de interés medio (cfr. Tabla 2). Aunque otros tres se acercan bastante, uno con un porcentaje del 56 % y otros dos con un 58 %.

Solo hay dos recursos en línea que alcanzan la puntuación de 58 % (el resto tienen una puntuación menor), es decir, que todos los recursos en línea están dentro del rango de interés bajo. La peor puntuación de los recursos en papel es de 39 % (1) mientras que en línea ese porcentaje o similar lo obtienen 6 de 18, y por debajo de esa puntuación se sitúan 5 recursos más. Con una puntuación por encima del 50 % solo encontramos 3 recursos en línea, pero en ningún caso se supera la barrera del interés medio, esto es, ningún recurso está por encima del 61 %,

Esto indica que son más completos los recursos en papel, lo que los hace más valiosos para el traductor que tenga que enfrentarse a un texto no divulgativo, sino especializado que presente una abundancia de tecnicismos.

Corroborando la impresión anterior, observamos que todos los recursos en papel también tienen suficientes indicaciones orientativas de uso para el lector. De los recursos en línea analizados, 11 de 18 no tienen este tipo de indicaciones, con lo que su uso queda a expensas de la intuición del usuario, aunque son glosarios sencillos, generalmente de pocas entradas, que no presentan dificultad en su manejo.

Las entradas son llamativamente más abundantes en los recursos en papel. Casi todos ellos (8 de 9) se cuenta por miles (desde 1 450 hasta 11 000), y solamente uno de ellos tienen 195 entradas, aunque, curiosamente, no es el de peor puntuación, pues presenta definiciones, así como información sobre sinónimos y antónimos o ejemplos.

Tabla 1: Número de lenguas y soporte

	Papel	Internet	Total
Monolingüe español	0	6	**6**
Monolingüe inglés	5	10	**15**
Bilingüe	4	2	**6**
Multilingüe	0	0	**0**
Total	**9**	**18**	**27**

Los recursos en línea suelen contener un menor número de entradas (llegando a un máximo de 454). Muchos de ellos son glosarios contenidos, a modo de apéndice, en páginas web de cardiología, que únicamente pretenden aclarar el sentido de los términos utilizados en los contenidos de su web. Por tanto, la finalidad no es una descripción exhaustiva de la terminología de la especialidad, sino otra bien diferente: servir a los propósitos de claridad de los textos expositivos en los que aparecen los términos. No obstante, al traductor interesado pueden resultarle muy útiles estos recursos en línea, por la facilidad de consulta y la agilidad en la obtención del dato.

Los diccionarios en papel son monolingües en inglés (5) y bilingües español-inglés (4). No hemos encontrado en la búsqueda con el motor de Google diccionarios monolingües en español. Sin embargo, entre los recursos en línea sí que encontramos monolingües en español (6), en inglés (10) y bilingües (2). La presencia de los primeros (monolingües en español) se debe quizá a la rápida elaboración de estos glosarios, a los que hemos aludido antes, que están concebidos para un propósito utilitario: servir a su propia web.

La inexistencia de recursos en papel monolingües en español puede tener como causa que la lengua de la ciencia es el inglés, y que en recursos escritos de elevado nivel es preferible utilizar esta lengua universal en la ciencia (Mendiluce Cabrera, 2003).

Tabla 2: Porcentaje de interés y soporte

	Papel	Internet	Total
Interés bajo	5	18	**23**
Interés medio	4	0	**4**
Interés alto	0	0	**0**

Con respecto a la fecha de publicación, todos los recursos en línea son posteriores a 2007 y 8 de ellos tienen actualizaciones. De los recursos en papel, el más antiguo es de 1911, aunque tiene una versión de 1995: *Stedman's Dictionary of Cardiology from Bayer* (Leneham, 1995). Este recurso es de los dos que más alta puntuación alcanza (72 %). El otro recurso de mejor puntuación también es en papel y alcanza una puntuación del 78 %, es de 2007 y dispone de una actualización del 2013. Además, el *Stedman's Dictionary of Cardiology from Bayer* (Leneham, 1995) es el único que dispone de información gramatical de las entradas, de sinónimos y antónimos y de ejemplos, lo que lo hace muy valioso en determinados contextos de traducción.

Casi todos los recursos en papel (7 de 9) tienen ilustraciones. Este detalle puede servir al traductor para contextualizar, en caso de duda, la referencia concreta del término. Consideramos que es una ayuda bienvenida para desentrañar algunos referentes concretos, pues puede servir de criterio de desambiguación. Además, son ediciones muy cuidadas que presentan abundancia de información de todo tipo: léxica, gramatical, visual, etc.

Parecería esperable encontrar en los recursos en línea abundancia de hipertextos (enlaces internos y externos). Sin embargo, solamente 3 de 18 tienen enlaces tanto internos como externos, es decir, una entrada remite a otra entrada del mismo documento y existen enlaces a otras fuentes que completan la información ofrecida en la entrada. Como se ha mencionado anteriormente, la finalidad de estos glosarios no es la explicación de toda la terminología científica de cardiología, sino servir a su propio sitio web de aclaración terminológica, sin pretensiones posteriores. Por ello, no parece necesario extender la explicación, la definición, más allá de lo puramente requerido para comprender el texto donde está contenido el término, siendo esta la posible razón para la escasez de hipertextos. Por esa misma razón, tampoco presentan información gramatical, ni de sinónimos o antónimos, ni imágenes referidas a las entradas. Sin embargo, los recursos en papel, al ser más elaborados y tener vocación de verdadera exposición de todo el léxico de la ciencia (tienen muchas más entradas que los recursos en línea, como ya se ha visto), también presentan enlaces internos (6 de 9). Llama la atención este alto porcentaje, pero es lógico que estos recursos tan elaborados contengan enlaces internos que completen la información de las entradas.

Los tres recursos en línea que sí tienen enlaces internos son también los que más entradas tienen: *Cardiovascular Glossary* (Texas Heart Institute, 2020b); su versión en español, *Glosario de terminología cardiovascular* (Texas Heart Institute, 2020a), con 307 ambos; y *The heart - technical terms explained* (British Heart Fundation, 2007), con 274 entradas. La valoración de los dos primeros es de 58 %; mientras que el último ha conseguido una puntuación del 47 %. No obstante, todas estas obras están entre las más altas de las que han obtenido un porcentaje de interés bajo.

3.2. Oncología

Ninguno de los 9 diccionarios en papel presenta actualizaciones, quizá por la dificultad de publicación rápida, que sí ofrece el medio en línea. De entre estos últimos, 8 de 19 sí están actualizados, aunque no todos recientemente: en 6 de ellos la actualización es del 2021 y en 2, del 2000 y 2002.

Tabla 3: Número de lenguas y soporte

	Papel	Internet	Total
Monolingüe español	2	9	**11**
Monolingüe inglés	5	8	**13**
Bilingüe	2	2	**4**
Multilingüe	0	0	**0**
Total	**9**	**19**	**28**

Todos los recursos en papel analizados ofrecen indicaciones sobre su utilización, mientras que solamente 8 (de los 16) en línea lo hacen. Esto podría deberse a que los recursos en papel ofrecen, por lo general, más información que los recursos en línea y esta información necesita estar organizada para orientar mejor la búsqueda del usuario.

La afirmación anterior se relaciona directamente con el número de entradas ofrecido por los recursos en sendos formatos. Así, los recursos en papel son más completos; el que menos ofrece tiene 470 entradas, y el que más, 10 000. Por su parte, la mayoría de los recursos en línea ofrecen pocas: el que menos, 6 entradas y el que más, el *Diccionario del cáncer del NCI* (NIH, 2021a) con 8 858 entradas y su versión en inglés, *NCI Dictionary of Cancer Terms* (NIH, 2021b), con 8 895 entradas. Es posible que esta diferencia en el número de entradas ofrecidas por los recursos en línea y en papel se deba, como ya hemos visto en el apartado anterior, a que muchos de los en línea son glosarios rápidos integrados como apéndices de uso divulgativo en páginas dirigidas al público general, o bien dirigidos a público especializado, pero como simple glosario aclaratorio dentro de un trabajo de mayor envergadura. O sea, en este último caso, la finalidad de estos glosarios rápidos es solamente secundaria, aclarar el uso no de todos los términos posibles en oncología, sino de los utilizados en esa publicación solamente.

La mayor parte de los recursos en línea son monolingües (9 en español y 8 en inglés), mientras que las otras dos obras son bilingües español-inglés. Por su parte, los recursos en papel son en su mayoría monolingües en inglés (5), seguidos por los monolingües en español (2) y, por último, por los bilingües (2) (cfr. Tabla 3).

Por lo general, los recursos en papel son más antiguos que los recursos en línea. Exceptuando uno que es del año 2018, los demás (8 de 9) han sido publicados antes del 2010, incluso encontramos uno de 1995 y dos de 1994; sin embargo, casi todos ellos obtienen un porcentaje medio que supera el 50 % o se acerca mucho. Por otro lado, los recursos en línea son más recientes; asimismo, muchos de ellos ofrecen actualizaciones, motivo por el cual son recursos muy valorados por el traductor de literatura médica reciente. Además, estos recursos en línea presentan un nivel de léxico elevado (5 de 19) o medio (10 de 19), mientras que solamente 1 de 9 en papel ofrece un nivel elevado de léxico y 6 de 9 un léxico medio.

Casi todos los recursos en papel (7 de 9) tienen enlaces internos, lo que garantiza una mejor interconexión de la información, si bien, ninguno incluye enlaces externos. Entre los recursos en línea, 6 de 19 tienen enlaces internos, 2 tienen enlaces externos, y 9 no tienen enlaces. Estos últimos 9 recursos en línea que no tienen enlaces son también los que, en su mayoría, no tienen actualizaciones. Es posible que las actualizaciones de estos recursos en línea tengan que ver con la inclusión de hipertextos en las entradas. Así, 4 de los recursos en línea, todos con hipertexto, alcanzan los porcentajes de valoración más elevados: tres tienen un 67 % y uno, un 92 % (cfr. Tabla 4). Estos recursos mejor valorados son: *Glosario del Cáncer* (AECC, 2007a), *Cancer glossary* (Cotterill, 2002), *Glossary* (Nottinghamshire Head & Neck Cancer Service, 2017) y *OncoTerm. Sistema Bilingüe de Información y Recursos Oncológicos* (Faber, 2002).

Tabla 4: Porcentaje de interés y soporte

	Papel	Internet	Total
Interés bajo	9	13	**22**
Interés medio	0	5	**5**
Interés alto	0	1	**1**

Para finalizar, hay más del doble de recursos en línea que en papel (19 frente a 9), pero no todos ellos muestran una calidad elevada. Entre los recursos en línea se encuentran los 4 mejor puntuados, pero también los 8 peor puntuados, con porcentajes entre el 30 % y el 40 % (cfr. Tabla 4). Cabe hacer una mención aparte al recurso *OncoTerm. Sistema Bilingüe de Información y Recursos Oncológicos*. Resulta una base terminológica muy completa que aporta 4 033 entradas, con un nivel elevado del léxico, indicaciones sobre su uso y presenta en las entradas enlaces internos, información gramatical, así como ejemplos e ilustraciones.

4. Conclusión

Una vez analizados los datos arrojados tras la evaluación de los recursos de las dos especialidades sobre las que hemos trabajado, cardiología y oncología, podemos extraer algunas conclusiones generales.

En primer lugar, hemos observado que, en los recursos de cardiología, las mayores puntuaciones las han obtenido recursos lexicográficos en papel. Este dato nos indica que quizá sea preferible el recurso en papel, pese a la facilidad de la consulta de un recurso en línea. Además, como ya se ha señalado, los recursos lexicográficos en papel son ediciones muy cuidadas que presentan abundante información, lo cual puede ser muy interesante para el traductor en un momento dado.

Nos ha llamado la atención el hecho de que sea mayor el número de recursos con enlaces (ya sean internos o externos, o de ambos) entre los editados en papel que entre los que están disponibles en línea. Este hecho, en contra de lo esperable, se puede relacionar con la finalidad más aclaratoria que explicativa de estos recursos en línea, a pesar de lo fácil que puede llegar a resultar añadir hipertextos en un recurso web.

Esta misma finalidad aclaratoria puede ser la razón por la que los recursos en línea tienen, en general, un menor número de entradas y presentan un nivel de léxico básico o medio en su mayoría.

Aunque ya lo hemos comentado, vemos necesario destacar el único recurso de estas dos especialidades que ha obtenido un porcentaje de interés alto: *OncoTerm* (Faber, 2002). Consideramos que este es un modelo de recurso lexicográfico altamente recomendable por su facilidad de acceso, ya que está disponible en línea, así como por lo completas que resultan sus entradas.

Con estas observaciones se hace patente que, como línea de investigación para el futuro, cabe la posibilidad de realizar mejoras en la plantilla. Por ejemplo, se podría dar una puntuación al número de entradas para valorar este parámetro, puesto que nos hemos encontrado casos en los que el recurso ha recibido una buena valoración por lo completo de sus entradas, pero tiene pocas entradas, por lo que es probable que el traductor no encuentre todos los términos que pueda necesitar, como sucede con obras tales como *Glosario de términos relacionados con la Enfermería oncológica* (García García, 2015) —con solo 6 entradas y un porcentaje del 42 %— o *What is a cardiovascular disease? Commonly used terms* (SHARP, 2020) —con 20 entradas y un porcentaje del 47 %—.

Por último, habría que valorar de algún modo el hecho de que sean o bien glosarios apéndices de libros médicos o de páginas web o bien diccionarios específicos de la especialidad, puesto que la finalidad de la entrada es diferente: explicar solamente los términos utilizados en el texto expositivo (generalmente) o tratar de dar cuenta de todo el léxico propio de la una ciencia (tecnicismos).

Referencias bibliográficas

Albarrán Martín, R. (2012). *Traducción y medicina: aspectos epistemológicos e interdisciplinares para la formación de traductores especializados en ciencias de la salud*. Tesis doctoral, Universidad de Salamanca.

Corpas Pastor, G. y Roldán Juárez, M. (2014). Análisis de necesidades documentales y terminológicas de médicos y traductores médicos como base para el diseño de un diccionario multilingüe de nueva generación. *MonTI, 6*, 167–202.

Escribano Meseguer, L. y Seghiri, M. (2021/en prensa). Creación de una base de datos lexicográfica para traductores médicos: especialidades Obstetricia y Ginecología, Traumatología y Cirugía. *Revista Académica UCMaule, 61.*

Escribano Meseguer, L. (2021a/en prensa). Implementación de una plantilla electrónica y puntuable para el análisis y la evaluación de glosarios, léxicos y diccionarios de Botánica. En *Actas de las IV Jornadas Doctorales organizadas por el Programa de Doctorado en Lingüística, Literatura y Traducción*. Málaga: Universidad de Málaga.

Escribano Meseguer, L. (2021b/en prensa). Creación de una base de datos de recursos terminológicos pertenecientes al campo de la Botánica para traductores. En M. C. Balbuena Torezano y M. A. García Peinado (Eds.), *Formas y variedades tradicionales de la traducción especializada: literaria, jurídico-económica, científico-técnica*. Berlín/Nueva York: Peter Lang.

García Izquierdo, I. y Conde Ruano, T. (2014). Necesidades documentales del traductor médico en España. *Trans, Revista de Traductología*, *18*, 141–162.

Mendiluce Cabrera, G. (2003). ¿Qué será del desinternacionalizador…?. *Panace@, 4* (13–14), 251–258.

Nhola, L. F. y Villarraga, H. R. (2017). Fundamentos de las unidades de cardio-oncología. *Revista Española de Cardiología, 70*(7), 583–589.

Vivas, M. C. (2019). *¿Qué es la Cardio-Oncología?* Recuperado de https://cutt.ly/sYWRmCS.

Corpus lexicográfico

Cardiología

Alegría Ezquerra, E. y De Teresa Galván, E. (2005): *Glosario de términos y abreviaturas en cardiología inglés-español*, Madrid: Acción Médica.

Anderson, R. *et al.* (1991). *Clinician's Illustrated Dictionary of Cardiology*, 2ª ed. Londres: Science Press.

Anderson, R., Dawson, R. y Oldershaw, P. (1992). *Diccionario de cardiología ilustrado para el médico clínico*. Barcelona: Science Press.

Anguita Sánchez, M. (Dir.) (2009). *Diccionario LID Cardiología*, Madrid: LID Editorial Empresarial S.L.

Araújo, O. (2015). *Glosario de términos cardiovasculares.* Recuperado de https://cutt.ly/whlWd3g

British Heart Foundation (2007). *The heart - technical terms explained.* Recuperado de https://cutt.ly/6hlWERF

Cambridge Heart Clinic (2019). *Glossary of terms associated with cardiology conditions.* Recuperado de https://cutt.ly/bYnqjA5

Cardio Quirón (2021). *Glosario.* Recuperado de https://cutt.ly/7hlWfv0

Chest Heart & Stroke Scotland. (2014). *Heart conditions glossary.* Recuperado de https://cutt.ly/HhlWTtA

Crespo Leiro, M. G. (Coord.) (2007). Abreviaturas. *Revista Española de Cardiología,* 7(B), 58.

ESC (2016). *European Society of Cardiology. Glossary.* Recuperado de https://cutt.ly/kYWMAZt

Fundación Española del Corazón (2021). *Glosario de Salud.* Recuperado de https://cutt.ly/OhlWguc

Hayes, D. y Asirvatham, S. (2007). *Dictionary of Cardiac Pacing, Defibrillation, Resynchronization, and Arrhythmias,* 2ª Ed. Mineápolis: Cardiotext Publishing.

Intérpretes de Conferencias (2017). *Glosario de Cardiología General.* Recuperado de https://cutt.ly/aYW9L8x

Jefes de Servicio de Cardiología (2001). *Gestión de Pacientes Ambulatorios en Cardiología.* Recuperado de https://cutt.ly/AhlWfiX

Latorre Vilallonga, J. y Costa Mer, A. M. (2005): *Diccionario de cardiología y abreviaturas de la especialidad.* Barcelona: Nexus Médica.

Leneham, A. (1995). *Stedman's Dictionary of Cardiology from Bayer.* Baltimore: Williams and Wilkins.

MedicalSpanish.com (2010). *The Heart.* Recuperado de https://cutt.ly/cYW9Q02.

NHS (2018). *Greater Glasgow and Clyde. Heart, Stroke and Diabetes. Glossary of Terms.* Recuperado de https://cutt.ly/nYWM6Fy

NICOR (2019). *National Institute for Cardiovascular Outcomes Research. Glossary.* Recuperado de https://cutt.ly/wYRpw86

Norell, M. (2010). *A glossary of terms used in interventional cardiology: part 2.* Recuperado de https://cutt.ly/ehlWRP0

Rakhit, R. (2020). *Glossary of Cardiology Terms and Tests.* Recuperado de https://cutt.ly/gYRo6xW

Reuter, P. (2010). *Springer Pocket Dictionary of Cardiology,* s. l.: JP Medical Publishers.

Rhodes, S. (Ed.); Dorland Staff; David, M. (2001a): *Dorland's Cardiology Word Book for Medical Transcriptionist*. s. l.: Saunders.

SHARP (2020). *What is a cardiovascular disease? Commonly used terms*. Recuperado de https://cutt.ly/LhlWE46

Texas Heart Institute (2020a). *Glosario de terminología cardiovascular*. Recuperado de https://cutt.ly/NhlWgXI

Texas Heart Institute (2020b). *Texas Heart Institute. Cardiovascular Glossary*. Recuperado de https://cutt.ly/FYW12jm

Oncología

AECC (2007a). *Glosario del Cáncer*. Recuperado de https://cutt.ly/yYW3ZOD

AECC (2007b). *Asociación Española Contra el Cáncer. Glosario*. Recuperado de https://cutt.ly/LYW8rFy

American Cancer Society (2021). *Glosario sobre cáncer*. Recuperado de https://cutt.ly/BYEmdph

Benlloch Rodríguez, R. *et al.* (2018). *Diccionario de términos oncológicos para los no oncólogos*, s. l.: Edición Punto Didot.

Cambridge Oncology Partners (2015). *Glossary of terms*. Recuperado de https://cutt.ly/2YEvbFj

Convive con el cáncer (2021). *Glosario*. Recuperado de https://cutt.ly/7YW8mhD

Cotterill, S. (2000). *Medical Terminology and Cancer. Abbreviations and Acronyms for Oncology*. Recuperado de https://cutt.ly/RYEv9Zj

Cotterill, S. (2002). *CancerIndex. Cancer glossary*. Recuperado de https://cutt.ly/eYEvGdm

Departamento de Salud del Vinalopó (2018). *Guía Paciente Oncológico*. Recuperado de https://cutt.ly/9YW8B9C

Duque Amusco, A. y Ordóñez Gallego, A. (1994). *Diccionario oncológico gramatical (Con Apéndice De Términos Médicos Inusuales)*. Madrid: Libro del Año Editorial SL.

Faber, P. (Dir.). (2002). *OncoTerm. Sistema Bilingüe de Información y Recursos Oncológicos*. Recuperado de https://cutt.ly/3YEmwyk

García García, M. C. (2015). Glosario de términos relacionados con la Enfermería oncológica, *Portales Médicos*. Recuperado de https://cutt.ly/1YW495N

Gibson, J. y Potparic, O. (1994). *A Dictionary of Human Oncology: A Concise Guide to Tumors*, Londres, Reino Unido: Taylor & Francis Ltd.

Gonzalez de Francisco, T. y Lacal, J. C. (2009). *Diccionario LID Oncología*, Madrid: LID Editorial Empresarial S. L.

Initia. Centro Oncológico Integral (2017). *Glosario del Cáncer.* Recuperado de https://cutt.ly/MYW7ydV

Irish Cancer Society (2021). *Glossary of cancer terms*. Recuperado de https://cutt.ly/oYEvaFI

Laughlin, E. (2008). *CANCER from A to Z: A Dictionary of Cancer-Related Terms*, Bloomington: AuthorHouse.

Mandal, A. (2019). *Glosario del cáncer.* Recuperado de https://cutt.ly/MYExLyq.

MD Anderson Cancer Center Madrid (2019). *Glosario. Definición de términos médicos usados en la web*. Recuperado de https://cutt.ly/4YW7QUZ

Munro, A. (2001). *Modern Oncology: An A-Z of Key Topics*, Cambridge: Cambridge University Press.

NCRAS (2012). *National Cancer Registration and Analysis Service. Glossary of Cancer Terms and Vocabulary*. Recuperado de https://cutt.ly/HYEc3i8

NHS (2021). *Health Careers. Glossary*. Recuperado de https://cutt.ly/6YEbc3X

NIH (2021a). *Diccionario del cáncer del NCI*. Recuperado de https://cutt.ly/GYExk07

NIH (2021b). *NCI Dictionary of Cancer Terms*. Recuperado de https://cutt.ly/OYEb8ht

Nottinghamshire Head & Neck Cancer Service (2017). *Glossary*. Recuperado de https://cutt.ly/MYEbGAU

Parker, J. y Parker, P. (Eds.). (2004). *Cancer – A Medical Dictionary, Bibliography, and Annotated Research Guide to Internet References*, s. l.: ICON Health Publications.

Rhodes, S. (edited.), Dorland Staff y Pugh, J. (2001b). *Dorland's Radiology/Oncology Word Book for Medical Transcriptionists*, s. l.: Saunders.

Viladiu Quemada, P. (1993). *Diccionario oncológico: Abreviaturas, siglas y acrónimos*, Barcelona: JIMS S.A.

Anexo I: Tabla de recursos y puntuación

Nombre del recurso	Soporte	Puntuación	Porcentaje
Cardiología			
Glosario de términos cardiovasculares [Araújo, Olga]	Internet	14	39
Gestión de Pacientes Ambulatorios en Cardiología (incluye glosario) [Marzal Martín, Domingo; Rodríguez Padial, Luis; Bertomeu Martínez, Vicente (dirs.)]	Internet	13	36
Glosario CardioQuirón [Servicio de Cardiología de los Hospitales Quirón de Madrid]	Internet	14	39
Glosario de Salud [Sociedad Española de Cardiología. Fundación Española del Corazón]	Internet	18	50
Glosario de terminología cardiovascular [Texas Heart Institute]	Internet	21	58
Abbreviations [Revista Española de Cardiología]	Internet	11	31
The heart - technical terms explained [Gupta, S.; Knapton, M.; Kuppuswamy, V.]	Internet	17	47
What is a cardiovascular disease? Commonly used terms [SHARP]	Internet	17	47
A glossary of terms used in interventional cardiology: part 2 [Norell, Michael]	Internet	14	39
Heart conditions glossary [Chest Heart & Stroke Scotland]	Internet	16	44
Glossary of terms [Cambridge Heart Clinic]	Internet	15	42
Glossary of Cardiology Terms and Tests [Rakhit, Roby]	Internet	11	31
Glossary [National Institute for Cardiovascular Outcomes Research]	Internet	12	33
ESC Glossary of Terms in Cardiology	Internet	16	44
Heart, Stroke and Diabetes. Glossary of Terms [NHS. Greater Glasgow and Clyde]	Internet	13	36

Nombre del recurso	Soporte	Puntuación	Porcentaje
Cardiovascular Glossary [Texas Heart Institute]	Internet	21	58
The Heart [Medical Spanish]	Internet	10	28
Glosario de Cardiología General [Durazo, Gabriela]	Internet	14	39
Diccionario LID Cardiología [Manuel P. Anguita (Dir.)]	Papel	22	61
Diccionario de Cardiología ilustrado para el médico clínico [Anderson, Robert; Dawson, Rex; Oldershaw, Paul]	Papel	20	56
Clinician's Illustrated Dictionary of Cardiology [Anderson, R. H., Oldershaw, P. J. y Dawson, J. R. (eds.)]	Papel	21	58
Stedman's Dictionary of Cardiology from Bayer [Leneham, Anne (ed.)]	Papel	26	72
Springer Pocket Dictionary of Cardiology [Reuter, Peter (ed.)]	Papel	28	78
Dictionary of Cardiac Pacing, Defibrillation, Resynchronization, and Arrhythmias [Hayes, David; Asirvatham, Samuel]	Papel	24	67
Dorland's Cardiology Word Book for Medical Transcriptionists [Rhodes, Sharon B. y David, Mary (eds.)]	Papel	14	39
Diccionario de Cardiología y abreviaturas de la especialidad [Latorre Vilallonga, Jordi y Costa Mer, Anna María]	Papel	15	42
Glosario de términos y abreviaturas en Cardiología. Inglés-Español [Alegría, Eduardo y de Teresa, Eduardo (coords.)]	Papel	21	58
Oncología			
Glosario del Cáncer [Asociación Española Contra el Cáncer]	Internet	24	67
Glosario [AECC]	Internet	13	36
Glosario [Convive Con El Cáncer]	Internet	14	39

(*Suite*)

Anexo i: (*Suite*)

Nombre del recurso	Soporte	Puntuación	Porcentaje
Guía Paciente Oncológico (Incluye glosario) [Hospital Universitario del Vinalopó]	Internet	12	33
Glosario de términos relacionados con la Enfermería oncológica [García García, Mª Carmen]	Internet	15	42
Glosario del cáncer [Initia. Centro Oncológico Integral]	Internet	17	47
Glosario. Definición de términos médicos usados en la web [MD Anderson Cancer Center]	Internet	12	33
Diccionario del cáncer del NCI	Internet	22	61
Glosario del cáncer [Mandal, Ananya]	Internet	12	33
Glossary of Cancer Terms and Vocabulary [Dutton, Linda]	Internet	14	39
Glossary of Cancer Terms [Irish Cancer Society]	Internet	15	42
Glossary of Terms [Cambridge Oncology Partners]	Internet	17	47
Cancer Glossary [Cotterill, Simon]	Internet	24	67
Medical Terminology and Cancer. Abbreviations and Acronyms for Oncology [Cotterill, Simon]	Internet	14	39
Glossary [NHS]	Internet	16	44
Glossary [Nottingham University Hospitals NHS Trust]	Internet	24	67
NCI Dictionary of Cancer Terms	Internet	22	61
OncoTerm. Sistema Bilingüe de Información y Recursos Oncológicos	Internet	33	92
Glosario sobre cáncer [The American Cancer Society]	Internet	13	36
Diccionario oncológico. Abreviaturas, siglas y acrónimos [Villadiu Quemada, Pau]	Papel	11	31

Nombre del recurso	Soporte	Puntuación	Porcentaje
Diccionario LID Oncología [González de Francisco, Tomás (dir.)]	Papel	21	58
Diccionario de términos oncológicos para los no oncólogos [Benlloch Rodríguez, Raquel (coord.)]	Papel	20	56
Diccionario oncológico gramatical con apéndice de términos médicos inusuales [Duque Amusco, A. y Ordóñez Gallego, A.]	Papel	17	47
Modern Oncology. An A-Z of Key Topics [Munro, Alastair]	Papel	20	56
Cancer - A Medical Dictionary, Bibliography, and Annotated Research Guide to Internet References	Papel	14	39
A Dictionary of Human Oncology. A concise guide to tumors [Potparic, O. y Gibson, J.]	Papel	16	44
Dorland's Radiology / Oncology word book for medical transcriptionists [Rhodes, Sharon (ed.)]	Papel	16	44
CANCER from A to Z. A Dictionary of Cancer-Related Terms in Easily Understood Language [Laughlin, Edward H.]	Papel	17	47

La terminología especializada: creación de un glosario bilingüe (inglés-español) para la traducción de cirugía de la rodilla

Javier Eloy Guzmán Terrón y Encarnación Postigo Pinazo***

RESUMEN

En el presente trabajo se muestra una visión general de la importancia de la terminología especializada para el campo de la Traducción y la Interpretación. En concreto se hace un estudio de la terminología en el ámbito de la cirugía de rodilla, ya que es una intervención que tiene una gran demanda en los hospitales españoles. Este estudio está motivado especialmente por el turismo médico, esto es, la visita de extranjeros a España para hacer uso de los servicios sanitarios del país. Diferentes estudios demuestran que son los británicos los que más practican este tipo de turismo en nuestro país. Igualmente existe un buen número de turistas y residentes europeos que usan el inglés como *lingua franca* y que también se integran en el sistema sanitario tanto público como privado. A esto hay que sumarle la realidad de que el inglés es la lengua de la globalización, por lo que en este trabajo se ha desarrollado un glosario bilingüe en español e inglés sobre este ámbito de la cirugía y está orientado a traductores especializados, intérpretes médicos y profesionales de la salud. Actualmente no existe ningún glosario tan específico, por lo que la recopilación de léxico se ha llevado a cabo mediante la extracción terminológica de los términos más recurrentes en textos especializados reales. Este trabajo puede servir como precedente para otros estudios en este campo y para incentivar el interés de investigadores y expertos en lengua a desarrollar aún más el campo de la terminología especializada y crear glosarios que les sean útiles a expertos, traductores e intérpretes, cualquiera que sea su ámbito de trabajo, pero sobre todo en el campo de la medicina, donde la precisión terminológica es crucial.

Palabras clave: terminología, glosario, cirugía, rodilla, traducción

ABSTRACT

This paper provides an overview of the importance of specialised terminology in the field of Translation and Interpreting. In particular, a terminology study is made in the field of knee surgery, as this is an operation that is in great demand in Spanish hospitals. This study is especially motivated by medical tourism, in other words, the visit of foreigners to Spain to make use of the country's health services. Different studies show that it is the British who are the most frequent practitioners of this type of tourism in our country, Spain. There are also a good number of European tourists and residents who use English as a lingua franca and who are also integrated into the public and private healthcare system. Inasmuch as English is the language of globalization, a bilingual glossary in English and Spanish on the field of knee surgery was the aim of this study. This glossary is targeted at specialised translators, medical interpreters and health professionals. No such specific glossary currently exists, so the lexicon has been compiled by extracting terminology from the most recurrent terms in real specialised texts. This work can serve as a precedent for other studies in this field and to stimulate the interest of researchers and language experts to further develop the field of specialized terminology and to create glossaries that will be useful to expert translators and interpreters, whatever their field of work, but especially in the field of medicine, where terminological accuracy is crucial.[1]

Keywords: terminology, glossary, surgery, knee, translation

1. Introducción

En esta investigación se analiza la importancia de la terminología médica, y para ilustrar esto de forma práctica se ha desarrollado un glosario bilingüe (ES/EN) relacionado con la cirugía de rodilla, que se centra en las necesidades de la realidad local y del entorno donde se ubica la Universidad de Málaga. Por ser una región con una alta tasa de entrada de turismo de salud, se ha considerado que sería especialmente interesante un glosario con los principales términos que aparecen cuando se lleva a cabo esta cirugía específica. Trabajos recientes mencionan la cirugía de rodilla como un proceso bastante habitual en los hospitales andaluces y españoles (Lavado y Postigo, 2018).

Además, como el trabajo se imbrica en el departamento de traducción, creemos que es un recurso de interés para traductores e intérpretes, ya que el principal recurso para estos profesionales es Internet, donde es fácil encontrar recopilaciones de glosarios especializados, bases de datos completas y corpus. Para ayudar a la traducción y a la interpretación en cualquier escenario relacionado con la salud, es conveniente disponer de estos glosarios de términos en los que el traductor o el intérprete pueda apoyar su conocimiento. En el caso del glosario que hemos desarrollado, se compartirá en Internet, y se podrá acceder a él a través del enlace que se puede encontrar en el apartado de resultados y discusión.

1.1. Contextualización

El turismo de salud requiere un amplio abanico de servicios a los proveedores de salud en la actualidad (Postigo y Almahano, 2013). Como se ha mencionado anteriormente, hay que destacar que los tratamientos de rodilla

* Universidad de Málaga, jegt.trad@gmail.com
** Universidad de Málaga, epostigo@uma.es

1 La presente publicación se enmarca en el seno de la red temática T3: Terminología, Técnica y Traducción, coordinada por la Universidad de Málaga (España).

y cadera tienen una gran demanda. Para llevarlos a cabo, en España existe un gran número de clínicas que ofrecen sus servicios, como, por ejemplo, Vithas Xanit International Hospital en Málaga o el Grupo Hospitalario Quirónsalud en Madrid (Health-tourism, 2021). A nivel mundial, aproximadamente el 40 % de la población mayor de 55 años sufre dolores en la rodilla, y unos 2,6 millones de personas se someten a una sustitución parcial o total de rodilla (MediGlobus, 2021). Muchos de estos pacientes lo hacen en el extranjero, buscando en otros países, como es el caso de España, poder contar con profesionales de reconocido prestigio, equipos modernos, óptimas instalaciones, programas de rehabilitación de excelente calidad y sobre todo un clima mediterráneo que les hará más llevadera la recuperación (Pérez, 2019; MediGlobus, 2021). Según esta última página web, durante el año 2017, se realizaron unas 54 000 cirugías de rodilla en España, lo que crea una necesidad real de traducción e interpretación en los hospitales y centros de rehabilitación. Las consultas previas llevadas a cabo demostraron que no existen suficientes recursos terminológicos disponibles en línea para esta temática.

Es fundamental que los traductores e intérpretes estén constantemente formándose, actualizándose y consultando diferentes fuentes de información que se ajusten a sus necesidades. Actualmente, el principal recurso para estos profesionales son los recursos electrónicos que ofrece Internet, donde es fácil encontrar recopilaciones de glosarios especializados, bases de datos completas y corpus especializados.

La aparición exponencial de tecnologías para la compilación terminológica sin duda permite que la calidad de los glosarios se haya incrementado. Entre los principales recursos se encuentran la extracción de términos, definición de patrones lingüísticos y contextos y también el tratamiento de corpus paralelos con fines de traducción (Roche, Alcina y Costa, 2019, pág. 139).

Dentro de la propia terminología especializada existen numerosos estudios que pueden apoyar nuestro trabajo, especialmente en el campo de la medicina. Como bien dice Cabré:

> La calidad de una traducción especializada requiere como recurso habitual el uso de terminología, adecuada al nivel de especialización del texto (por lo tanto, más o menos especializada según los casos) y real (es decir, que corresponda a los usos efectivos que hacen de ella los especialistas). En consecuencia, la terminología es relevante en la práctica de la traducción especializada y es imprescindible que un traductor utilice terminología en sus textos (Cabré, 2000, pág. 2).

Estos textos pueden variar tanto en autor, destinatario, tema, terminología, etc., por eso la misma autora describió los textos especializados de la siguiente manera:

> Productos predominantemente verbales, de registros comunicativos específicos, que tratan de temas propios de un ámbito de especialidad (mejor diríamos, de un campo de conocimiento especializado), que respetan convenciones y tradiciones retórico-estilísticas, y que dan lugar a clases textuales determinadas (Cabré, 2002, pág. 22).

Dichos textos y «las necesidades de comunicación del mundo actual» están marcados por un carácter plurilingüe y por un nivel grande de especialización y esto ha abierto la puerta a hablar de «lenguajes de especialidad», por oposición al lenguaje general» (Aguado de Cea, 2001, pág. 6). A esto hay que sumarle la necesidad de un corpus terminológico que recoja el lenguaje médico de forma actualizada, aunque esto no es tarea fácil como explica Navarro (2013, pág. 1) ya que este lenguaje, de modo constante, «pierde palabras o son reemplazadas por otras nuevas, ya sean inventadas o tomadas de otro idioma, para designar nuevas realidades, nuevas técnicas o nuevas costumbres, en un proceso que es distinto para cada palabra».

Los documentos médicos actuales son esencialmente expositivos y en ellos proliferan las nominalizaciones y los verbos son escasos. Esto favorece la presencia de terminología médica específica, que es el principal obstáculo para la comprensión (Estopá y Montané, 2020).

Como afirman Corpas y Roldán, «médicos y traductores médicos se ven obligados a recurrir a los mismos tipos de recursos lexicográficos, a pesar de que constituyen dos colectivos dispares con necesidades muy diferentes» (2014, pág. 169). Por eso la terminología es esencial para el traductor en el ámbito médico, puesto que se deben traducir protocolos, consentimientos informados, prescripciones hechas en otro país, etc. que presentan gran grado de especialidad. De esta manera, podemos asumir que «la identificación de términos en documentos científico-técnicos es un tema crucial para el análisis, la comprensión, generación y traducción de dichos documentos» (An, Mitkov y Corpas, 2008, pág. 107).

Cuando hay dos idiomas involucrados en la comunicación con un paciente, un profesional del lenguaje altamente preparado facilita ese momento de intercambio lingüístico (Angelelli, 2019). Esta persona es capaz de procesar y transmitir información en dos idiomas, a menudo en condiciones de presión crítica y extrema. Los recientes avances tecnológicos, junto con la gran demanda de servicios y la escasa oferta de profesionales capacitados dispuestos a trabajar en las condiciones actuales (bajo salario, condiciones limitadas de trabajo) han transformado significativamente el trabajo de los intérpretes de la asistencia sanitaria. Hoy en día, en lugar de mediar en la comunicación durante los tradicionales encuentros cara a cara, y de observar condiciones mínimas de trabajo durante la jornada (por ejemplo, tomar descansos cada treinta minutos de trabajo ininterrumpido), los intérpretes de la salud desempeñan sus funciones por vía telefónica o por videoconferencia, trabajando durante largos períodos de tiempo sin descansos (Angelelli, 2019). Estas fuentes de estrés complican aún más la tarea.

Los factores tecnológicos y económicos antes mencionados también añaden complejidad a la función del intérprete, que consiste en navegar por el discurso y las comunidades sociales, en muchos casos diferentes de las suyas tanto el ámbito lingüístico como en el cultural, ya que realizan tareas de procesamiento de información de alto nivel. A lo largo de una jornada normal, los intérpretes médicos comprenden y producen un discurso de diferentes grados de complejidad alternando entre los idiomas de destino y de origen, y comunicándose con hablantes de zonas rurales y urbanas cuyos niveles de formación pueden ser completamente distintos. Además, estos intérpretes navegan por comunidades de habla en las que existen relaciones asimétricas entre hablantes de grupos sociales más y menos dominantes.

Para acceder a la información los intérpretes utilizan algunos recursos terminológicos. Entre ellos están los diccionarios y bancos de imágenes de la Real Academia Nacional de Medicina de España, el Diccionario de Siglas Médicas de la Sociedad Española de Documentación Médica, etc.; además de «plataformas digitales adecuadas para realizar videollamadas, videoconferencias y todo tipo de encuentros y reuniones virtuales. Algunas de las más utilizadas son Zoom, Microsoft Teams o Google Meet» (LinguaServe, 2021). Situaciones como la actual pandemia han hecho necesario recurrir aún más a la interpretación remota que requiere mayor agilidad y acopio de recursos terminológicos de apoyo como el Diccionario de covid-19 (EN-ES) (Saladrigas, Navarro, Gómez Polledo y Munoa, 2021).

En toda interpretación existe la obligación de mantener la precisión, pero en el campo de la salud se debe ser especialmente cauteloso, ya que un error puede tener graves consecuencias clínicas. Flores, Abreu, Barone, Bachur, y

Lin (2012) explican que los errores más comunes son: la omisión, la adición, la sustitución, la «editorialización» (el intérprete da su propio punto de vista sobre una palabra o frase) o la falsa fluidez (el intérprete utiliza una palabra o frase que no existe).

Con el fin de evitar cualquier tipo de error y así disminuir cualquier posible consecuencia, es de gran importancia un buen conocimiento de ambas lenguas en las que se trabaje. Con el objetivo de conseguir una mayor especialización en ambas es de vital utilidad la utilización de glosarios bilingües que apoyen el conocimiento previo de la materia. Si bien el auge de la importancia de la interpretación social en el ámbito de la salud y, por ende, la investigación en este ámbito empezó a ser evidente en países como Estados Unidos, Canadá, Reino Unido, Australia, etc., no podemos olvidar que España también ha tenido una imperiosa necesidad de atender a población extranjera que solicita los servicios médicos especializados en nuestro país (Lavado y Postigo, 2018).

Además de la interpretación, podemos insertar este glosario en el ámbito de la traducción médica y científico-técnica. La asociación de redes profesionales que representen al colectivo son un signo inequívoco de la consolidación de las especialidades y los grupos profesionales (Freidson, 2001). Un buen ejemplo de ello es la *European Medical Writers Association*, Tremédica, o en España, la Asociación Española de Redactores de Textos Médicos (AERTeM), foro asociativo de los profesionales de la redacción científica biomédica en lengua española desde febrero de 2005. A pesar de ser esta una materia consolidada y reconocida, García y Conde explican que:

> A la traducción médica no se le ha prestado la suficiente atención desde los entornos investigadores. Esto es especialmente grave en el caso de la documentación, pues quienes suelen ocuparse de esta actividad conforman una comunidad más heterogénea que la de otros profesionales de la traducción (2014, pág. 159).

Un factor que hace que esta especialidad de traducción sea aún más importante es el turismo médico, esto es, que los ciudadanos de un país viajan a otro para disfrutar de su sistema sanitario, principalmente por sus avances tecnológicos y experiencia (Horowitz, Rosensweig, y Jones, 2007). España es el segundo destino más visitado con este propósito del mundo (IDIS, 2018). Además, los británicos son los turistas que representan mayor volumen; según el estudio de Pagan y Horsfall:

> British tourists still represent the highest proportion of tourists visiting Spain (18.08 million), followed by Germans (11.18 million) and French tourists (11.16 million). By region, Catalonia is the region that attracts the highest number of travellers (19.36 million), followed by the Illes Balears (13.68 million), the Canary Islands (13.15 million) and Andalusia (12.08 million) (2020, pág. 8818).

Teniendo esto en cuenta, y que el inglés es hoy en día la lengua de la globalización, consideramos que es muy importante que los servicios sanitarios sean accesibles lingüísticamente, lo que se puede conseguir fácilmente con la contratación de intérpretes y traductores profesionales por parte de los hospitales (Gavlovych, 2017).

Por todo ello, consideramos que el glosario especializado en la cirugía de rodilla supone aportar recursos útiles al ser una las cirugías más demandadas por los turistas, especialmente los británicos. La mayoría de los pacientes extranjeros vienen del Reino Unido, afirman Pagan y Horsfall, (2020, pág. 4). Esto se debe a todos los motivos ya mencionados y por el coste de la cirugía, ya que en España el importe de una operación de rodilla representa el 50 % del que se tiene que afrontar en el Reino Unido.

A lo anterior hay que sumarle los esfuerzos que lleva a cabo la ciudad de Málaga por convertirse, y mantenerse, en una de las principales potencias de turismo de salud de Europa; así lo demuestra la Cátedra de Turismo y Salud, impulsada por la Universidad de Málaga, que nace con el objetivo de promover la salud y el bienestar a través del turismo (Universidad de Málaga, 2013) y el clúster nacional *Tourism and Health Spain*, compuesto por hospitales privados y hoteles, cuyo objetivo es «posicionar a la Costa del Sol como destino líder para el turismo de salud a nivel europeo» (Junta de Andalucía, 2014).

1.2. Objetivos

El principal objetivo de este trabajo es dar visibilidad a la importancia que cobra la terminología en el ámbito de la Traducción y la Interpretación. Otros objetivos más precisos del glosario bilingüe que se presenta son los siguientes:

- Aumentar, guiar y fomentar el conocimiento del alumnado de traducción en materia de terminología médica en general.
- Acometer el estudio del lenguaje médico para traductores e intérpretes, concretamente en la articulación de la rodilla y los diferentes tipos de cirugías que en esta se puedan realizar.

- Promover el uso de la tecnología en el aprendizaje e impulsar la iniciativa propia de los alumnos en el estudio autónomo.
- Aplicar la metodología presentada en la realización de otros glosarios ya sea en el ámbito de la medicina o en cualquier ámbito especializado.

2. Metodología

Para la realización de este glosario, en primer lugar, se hizo una recopilación de documentos y otros glosarios ya existentes, relacionados con la mencionada articulación. Los textos pertenecen al par de lenguas inglés-español. Para la obtención de estos documentos se consultaron fuentes fiables como son revistas científicas, sitios web oficiales, enciclopedias y diccionarios. Podemos destacar revistas cuyos textos se usaron en la recopilación de terminología, como *The Knee*,[2] una publicación internacional que divulga estudios sobre el tratamiento clínico y biomecánico de la rodilla. También hemos recurrido a la revista *Journal of Arthroscopy and Joint Surgery*[3] (JAJS), de calidad científica similar, y a publicaciones científicas en español como *Rehabilitación*,[4] que cuenta con numerosos artículos sobre cirugía de rodilla, y la *Revista Española de Cirugía Ortopédica y Traumatología*,[5] del Órgano Oficial de la Sociedad Española de Cirugía Ortopédica y Traumatología, que aglutina a 5 000 miembros, y es la principal revista española de la especialidad. Además de estas cuatro, se buscaron artículos específicos en diferentes publicaciones, por ejemplo, un artículo sobre el dolor postoperatorio en la *Revista de la Sociedad Española del Dolor*.[6] Nuestro trabajo ha seguido modelos anteriores de compilación de corpus como es el de Seghiri (2017).

Cuando se seleccionaron todos los textos necesarios, se procedió a la búsqueda de equivalencias terminológicas entre ambas lenguas, de español a inglés y viceversa. Para esto se utilizaron varios programas informáticos, en primer lugar, *AntConc* (ver Figura 1), un *software* gratuito que analiza textos y encuentra concordancias en textos paralelos. Para contrastar los

---

[2] https://www.thekneejournal.com/
[3] https://www.isksaa.com/journal_of_arthroscopy_joint_surgery_jan_2021_issue.php
[4] https://www.sermef.es/revista-rehabilitacion/
[5] https://www.sciencedirect.com/journal/revista-espanola-de-cirugia-ortopedica-y-traumatologia
[6] https://www.sciencedirect.com/science/article/abs/pii/S1888441519301122

datos que se obtuvieron con el programa anterior, también recurrimos al programa *ParaConc* (ver Figura 2), otra herramienta de extracción terminológica gratuita.

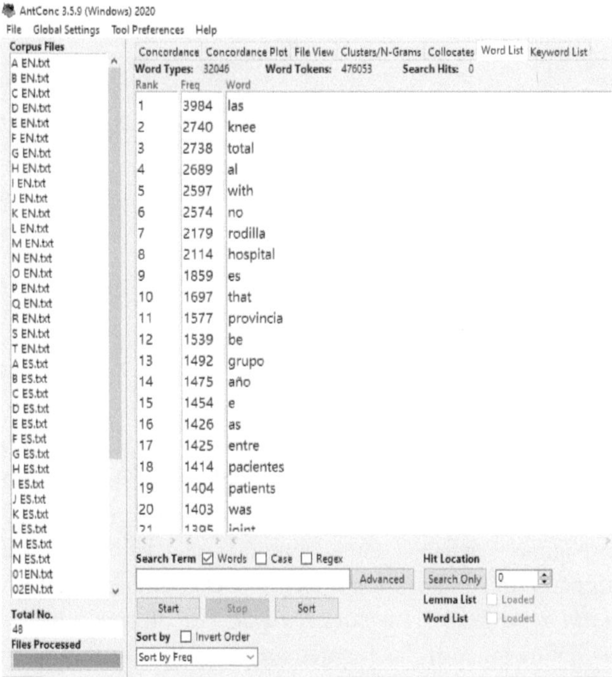

Figura 1: Resultados ofrecidos por *AntConc*.
Fuente: Elaboración propia.

Tras la recopilación de los términos que aparecen en los textos de las publicaciones citadas, se añadieron otros términos que se consideraron importantes. Para esto tuvimos que recurrir a otros glosarios ya existentes, como el *Glossary of common knee terms* (Chester Knee Clinic y Cartilage Repair Centre, 2021), el *Glosario de términos médicos* (icatma, 2021), y glosarios extraídos de Google Académico en los que se han seleccionado solo algunos términos fundamentales. Tras esto, se ordenaron en orden alfabético y, finalmente, hecha la selección deseada, se proporcionó una definición a nuestros términos, contrastando dichas definiciones con los glosarios mencionados y

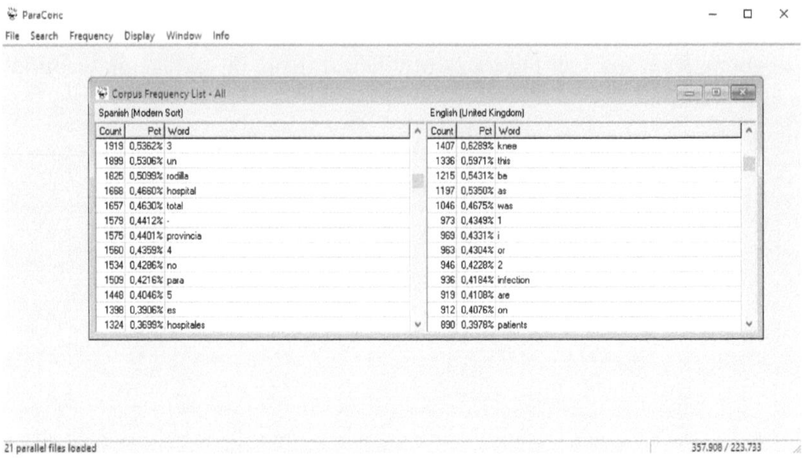

Figura 2: Resultados ofrecidos por *ParaConc*.
Fuente: Elaboración propia.

otros especializados en medicina y cirugía. Además de los glosarios, se han consultado diccionarios en línea, como el *Diccionario de la Real Academia Española*, y páginas web fiables. Para referenciar cada definición, a cada fuente se le ha asignado un código, así, por ejemplo, el código (REFDLE) se refiere al *Diccionario de la Real Academia Española*. Por último, ante la ausencia de algunas definiciones en las fuentes mencionadas, hemos aportado una definición que hemos marcado con el código (REFPR); un ejemplo de esto lo podemos encontrar en la siguiente tabla:

Tabla 1: Ejemplo de definición propia de retrógrado

Retrógrado - Que se mueve o se extiende hacia atrás o en la dirección contraria. (REFPR)	**Retrograde** - Going in a direction against flow. (REFGS)

Fuente: Elaboración propia.

3. Resultados y discusión

El glosario bilingüe resultante se compone de dos columnas, a la izquierda el término en español con su definición, y a la derecha su equivalente en inglés con la definición. A continuación, se muestran dos ejemplos:

Tabla 2: Ejemplos del glosario

Artritis - La artritis es una enfermedad de las articulaciones que provoca rigidez y dolor, en ocasiones inflamación y enrojecimiento. Las articulaciones que se ven afectadas pierden movilidad paulatinamente, hasta llegar a deformarse. (REFIC)	**Arthritis** - A condition in which joints are inflamed, causing pain, stiffness, swelling, and sometimes loss of movement. (REFHMS)
Biopsia - Una biopsia consiste en la extracción de una pequeña cantidad de tejido del cuerpo, que se extrae para ser estudiado y poder llevar a cabo un diagnóstico. (REFIC)	**Biopsy** - Removal and examination, usually microscopic, of tissue from the living body, performed to establish a precise diagnosis. (REFSM)

Fuente: Elaboración propia.

Podemos ver que es un glosario que engloba terminología fundamental; cuenta con 123 términos en español y sus equivalentes en inglés, además de su definición, cuya procedencia viene indicada en forma de código, como se ha explicado anteriormente. Estos términos suponen el inicio de la creación de la herramienta que se seguirá incrementando.

El glosario se presenta en formato PDF y se aloja en el servidor de Google Drive.[7]

Nuestro glosario puede servir como el inicio de otros trabajos en este ámbito. El turismo de salud crece exponencialmente y, por ende, la necesidad de una interpretación y traducción de calidad. Como apuntan Hall y Hardill (2014), muchos británicos, tras jubilarse, se mudan a España en busca de una vida más tranquila, pero debido a la edad algunos necesitan gran cantidad de cuidados médicos. Esto demandará un gran número de intérpretes médicos en España que deben estar bien formados en el tema. Además, dichos autores afirman que «there are language, cultural, spatial and financial barriers when accessing care in Spain as an older British citizen» (Hall y Hardill, 2014, pág. 1). Por estas razones es de vital importancia el trabajo de los intérpretes profesionales como se ha mencionado anteriormente, que basan su conocimiento en las estrategias comunicativas y culturales junto con el manejo de la terminología especializada, que resulta de gran ayuda a la hora

7 Pinchando en el siguiente enlace se puede acceder al glosario: https://drive.google.com/file/d/1vTt1jb8E_rTj16VZ2ykt6_iy9pCOUMTc/view

de proporcionar una comunicación fiable como argumentan Parrilla Gómez y Postigo Pinazo (2018) en un estudio realizado en el hospital público Costa del Sol de Marbella que recibe a un buen número de pacientes de procedencia internacional.

La necesidad de traducción e interpretación en el ámbito de la medicina se hace patente, sobre todo con la combinación de idiomas inglés-español, ya que se ha demostrado que gran número de extranjeros, sobre todo procedentes del Reino Unido y de otros países europeos que tienen el inglés como lengua vehicular, acuden a España con el mero propósito de recibir asistencia médica bien gratuita o privada, llegando unas 800 personas al día de media (Europa Press, 2019).

4. Conclusión

Este trabajo se ha llevado a cabo con la intención de poner de manifiesto la importancia que los glosarios, corpus y bases de datos tienen a la hora de desempeñar la labor de traductor o intérprete cuando se trata del ámbito médico y de la importancia del uso de las tecnologías para poder compilar terminología fiable. Son factores fundamentales el crecimiento del turismo de salud en España, y más concretamente en la Costa del Sol, sobre todo de británicos y europeos que utilizan el inglés como lengua vehicular.

A tal efecto se ha desarrollado un glosario bilingüe en español e inglés, basado en la terminología propia de la cirugía de rodilla. Nos decidimos por esta temática al existir muy pocos recursos relacionados. Los términos se han extraído con la ayuda de programas de extracción terminológica como *AntConc* y *ParaConc*, en los que se han insertado textos especializados de fuentes fiables. Además, se han insertado otros términos que no aparecían en dichos textos pero que se han considerado relevantes. Esto ha contribuido a la provisión un recurso vital más para los intérpretes del par de lenguas inglés español en el ámbito de la salud.

Este trabajo, además de mostrar la relevancia de los glosarios y de exponer un ejemplo práctico, puede servir como referencia a otros investigadores y expertos a desarrollar glosarios y corpus terminológicos en áreas donde no existan herramientas suficientes o fiables para apoyar el trabajo de profesionales de la traducción y de la medicina y su interacción con el paciente.

Referencias bibliográficas

Aguado de Cea, G. (2001). Lenguas para fines específicos y terminología: algunos aspectos teóricos y prácticos. *I Encuentro Internacional de Estudios de Filología Moderna y Traducción, Universidad de Las Palmas*.

An, L., Mitkov, R. y Corpas, G. (2008). Mutual terminology extraction using a statistical framework. *Procesamiento del lenguaje natural, 41*, 107–112.

Angelelli, C. (2019). *Healthcare Interpreting Explained.* Nueva York: Routledge.

Cabré, M. T. (2000). El traductor y la terminología: necesidad y compromiso. *Panace@, 1*(2).

Cabré, M. T. (2002). Textos especializados y unidades de conocimiento: metodología y tipologización (I). En G. García Palacios y M. T. Fuentes Morán, *Texto, Terminología y Traducción* (pp. 15–36). Salamanca: Almar.

Chester Knee Clinic y Cartilage Repair Centre. (2021). *Glossary of common knee terms*. Recuperado de http://www.kneeclinic.info/glossary.php.

Corpas, G. y Roldán, M. (2014). Análisis de necesidades documentales y terminológicas de médicos y traductores médicos como base para el diseño de un diccionario multilingüe de nueva generación. *MonTi, 6*, 167–202.

Estopá, R. y Montané, M. A. (2020). Textual parameters and their lexical indicators that hinder patient understanding. *Terminology, 26*(2), 213–236.

Europa Press. (8 de julio de 2019). Unos 800 turistas británicos usan cada día la sanidad privada en España con pólizas que no les cubren. *El Mundo*. Recuperado de https://www.elmundo.es/economia/ahorro-y-consumo/2019/07/08/5d234997fc6c83e87d8b45dc.html.

Flores, G., Abreu, M., Pizzo Barone, C., Bachur, R. y Lin, H. (2012). Errors of medical interpretation and their potential clinical consequences: a comparison of professional versus ad hoc versus no interpreters. *Ann Emerg Med, 60*(5), 543–553.

Freidson, E. (2001). *Professionalism: the third logic.* Polity Press.

García, I. y Conde, T. (2014). Necesidades documentales del traductor médico en España. *Trans, 18*, 141–162.

Gavlovych, N. (2017). La calidad de los servicios de traducción e interpretación médico-sanitaria en el contexto del turismo de salud en el área de la Comunidad Valenciana. *Fòrum de Recerca, 22*, 587–598.

Hall, K. y Hardill, I. (2014). Retirement migration, the "other" story: caring for frail elderly British citizens in Spain. *Ageing & Society, 36*, 562–585.

Health-tourism (2021). Recuperado de https://www.health-tourism.com/.

Horowitz, M. D., Rosensweig, J. A. y Jones, C. A. (2007). Medical tourism: globalization of the healthcare marketplace. *Medscape general medicine, 9*(4), 33.

icatma (2021). *Glosario de términos médicos*. Recuperado de https://www.icatma.es/glosario/.

IDIS (2018). Private Healthcare, Adding Value. Situation Analysis 2018. *Instituto para el Desarrollo e Integración de la Sanidad*. Recuperado de https://www.fundacionidis.com/informes/analisis-de-situacion-de-la-sanidad-privada/private-healthcare-adding-value-situation-analysis-2018.

Journal of Anthrocospy and Joint Surgery (2020). *Elsevier*. Recuperado de https://www.journals.elsevier.com/journal-of-arthroscopy-and-joint-surgery/.

Junta de Andalucía (2014). Tourism and Health Spain es el primer Clúster nacional de turismo de salud. *IdeaDigital*. Recuperado de https://revistaideadigital.es/tourism-and-health-spain/.

Lavado, R. y Postigo, E. (2018). La terminografía basada en corpus y su repercusión/importancia/relevancia en la interpretación sanitaria. *Lebende Sprachen, 63*(1), 101–141.

LinguaServe (2021). *¿Cómo se ha adaptado la interpretación de idiomas a la era COVID-19?* Recuperado de https://blog.linguaserve.com/como-se-ha-adaptado-la-interpretacion-de-idiomas-a-la-era-covid-19.

MediGlobus (2021). *How much does knee replacement and recovery cost abroad?* Recuperado de https://mediglobus.com/how-much-does-knee-replacement-and-recovery-cost-abroad/.

Montalt, V., Zethsen, K. y Karwacka, W. (2018). Medical translation in the 21st century – challenges and trends. *MonTi*(10), 27–42.

Navarro, F. (2013). Medicina y terminología: maridaje natural. *Terminàlia, 7*, 46–48.

Pagan, R. y Horsfall, D. (2020). Medical Tourism Markets: Models of Sustainability. The Case of Spain and The Costa del Sol (Malaga). *Sustainability, 12*, 8818.

Parrilla Gómez, L. y Postigo Pinazo, E. (2018). Intercultural communication and interpreter's roles: widening taxonomies for effective interaction within the healthcare context. *Current Trends in Translation Teaching and Learning E*(5), 236–314.

Pérez, M. (27 de febrero de 2019). Turismo de salud: una oportunidad «compleja». *Diario Sur*. Recuperado de https://www.diariosur.es/marbella-estepona/turismo-salud-oportunidad-20190227001020-ntvo.html

Postigo, E. y Almahano, I. (2013). *Turismo y salud: Traducción, interpretación y comunicación intercultural en el sector turístico europeo*. Granada: Comares.

Real Academia Española (2020). Diccionario de la lengua española, 23.ª ed. [versión 23.4 en línea]. Recuperado de https://dle.rae.es

Roche, C., Alcina, A. y Costa, R. (2019). Terminological resources in the digital age. *Terminology, 25*(2), 139–145.

Saladrigas, M., Navarro, F., Gómez Polledo, P. y Munoa, L. (2021). *Diccionario de covid-19 (EN-ES)*. Recuperado de https://www.tremedica.org/tremediteca/glosarios/glosario-de-covid-19-en-es/.

Sandoval, M. (2008). La colaboración y la formación del profesorado como factores fundamentales para promover una educación sin exclusiones. *Contextos Educativos, 11*, 149–159.

Seghiri, M. (2017). Metodología de elaboración de un glosario bilingüe y bidireccional (inglés-español/español-inglés) basado en corpus para la traducción de manuales de instrucciones de televisores. *Babel, 63*(1), 43–64.

Universidad de Málaga (25 de febrero de 2013). *Nace la Cátedra de Turismo, Salud y Bienestar de la Universidad de Málaga*. Recuperado de http://www.uma.edu.es/sala-de-prensa/noticias/nace-la-catedra-de-turismo-salud-y-bienestar-de-la-universidad-de-malaga/.

Documentación especializada y traducción: un estudio de necesidades para la TISP

*María del Mar Sánchez Ramos**

RESUMEN

El acceso a la información y la comunicación es cada vez más inmediato y hacen falta soluciones que se adapten a estas necesidades actuales. Es por ello que las tareas de documentación tienden a apoyarse más en la tecnología. La formación en traducción e interpretación en los servicios públicos (TISP), campo de especialidad dentro de los estudios de traducción que trata de solventar las dificultades comunicativas que se establecen en el proceso de comunicación entre los representantes de las administraciones públicas y los usuarios que no dominan una lengua, no es ajena a estos cambios tecnológicos que avanzan con paso firme. Los distintos programas formativos han ido evolucionando y adaptándose a las nuevas demandas tecnológicas, así como incorporando a las ya tradicionales herramientas de traducción otras que son cada vez más demandas. Conscientes de estas necesidades, nuestro capítulo presenta un estudio descriptivo destinado a conocer la percepción, adecuación y utilidad que una cohorte multilingüe (francés, ruso y árabe) tiene hacia un módulo centrado en corpus y gestores de concordancias dentro de un programa de posgrado en TISP en España. Para ello se empleó una metodología no experimental y se recogieron datos de 23 participantes durante el curso académico 2020–2021. Los resultados mostraron una satisfacción de los estudiantes hacia el contenido y su puesta en práctica. Además, el grupo supo percibir la utilidad de estas herramientas, las cuales incorporaron como recursos de documentación durante el programa de posgrado.

Palabras clave: documentación, traducción especializada, corpus, gestores de concordancias, traducción e interpretación en los servicios públicos

ABSTRACT

Access to information and communication is increasingly immediate, and solutions are needed to adapt to these current needs. In this sense, documentation tasks increasingly rely on technology. Training in public service interpreting and translation (PSIT), an area within translation studies that attempts to solve the difficulties established in the communication process between representatives of public administrations and users who do not speak a language, is not alien to these technological changes that steadily occur. The different postgraduate programs have been evolving and adapting to new technological demands and incorporating others that are increasingly in demand compared to the already traditional translation tools. Aware of these needs, our chapter presents a descriptive study aimed to investigate a multilingual (French, Russian and Arabic) group's perception, suitability, and usefulness of a corpus management module on a postgraduate

* Universidad de Alcalá (Madrid), mar.sanchezr@uah.es

course in public service and interpreting in Spain. A non-experimental methodology was used to collect quantitative data from 23 participants during the 2020–2021 academic year. The results show that students were satisfied overall with both the content and its implementation; they also perceive their usefulness and even incorporate them as documentation tools during the whole postgraduate program.

Keywords: documentation, specialized translation, corpora, corpus management tools, public service interpreting and translation

1. Introducción

La disciplina conocida como traducción e interpretación en los servicios públicos (TISP) ha experimentado un gran avance y consolidación en las últimas décadas. La demanda de profesionales en situaciones que dificultan el proceso de comunicación entre los representantes de las administraciones públicas y los usuarios que no dominan una lengua es cada vez mayor y, de este hecho, han tomado conciencia las distintas instituciones académicas. En este sentido, los programas universitarios cuya finalidad se centra en la formación de estos profesionales van en aumento. Dentro de los diversos programas, independientemente del área de especialización dentro de la TISP (sanitara, jurídica o administrativa), la preparación documental es de vital importancia debido, en gran parte, a la variedad de situaciones concretas en donde el uso de una terminología precisa y adecuada es clave (p. ej., consultas médicas con inmigrantes).

La documentación, al igual que el resto de las disciplinas, ha experimentado cambios significativos debidos a la incursión de la tecnología. Lejos quedan ya la exclusividad de los recursos físicos en soporte papel, que han sido sustituidos por cantidades ingentes de información digital, y que todo especialista de una lengua puede consultar de forma fácil y rápida. La preparación documental de nuestros estudiantes, por tanto, también ha sufrido importantes cambios de los que hay que tomar nota e incorporar en la formación de nuestros egresados. Por ello, la formación en la TISP no solo pasa por dotar al alumnado de aquellas estrategias necesarias para la traducción, sino también por consolidar un bagaje documental donde tengan cabida ya las herramientas tecnológicas para traductores, como pueden ser las herramientas de traducción asistida por ordenador o herramientas TAO, herramientas de extracción terminológica, gestores de corpus y concordancias y la traducción automática.

El presente capítulo está precedido por otros estudios que han indagado en el uso de diversas herramientas de documentación, y más concretamente en corpus y gestores de concordancias dentro de un programa formativo en concreto —Máster en Comunicación intercultural, traducción e interpretación en los servicios públicos, Universidad de Alcalá, Madrid— (Sánchez Ramos, 2020b; Sánchez Ramos y Lázaro Gutiérrez, 2020; Sánchez Ramos y Vigier Moreno, 2016) y dentro del par de lenguas inglés-español. En este caso concreto, nos centraremos en ofrecer hasta qué punto el alumnado de otro grupo de lenguas en las que se imparte el mencionado máster (ruso-francés y árabe) está familiarizado con los corpus y gestores de concordancias y cuál es su percepción de estos antes y después de su incorporación en las tareas de traducción sanitaria. Dicho estudio parte de la necesidad de incorporar estas herramientas de forma progresiva dentro del propio máster y de consolidar una metodología que ayude en las tareas previas de traducción que los alumnos desarrollarán a lo largo de todo su periodo formativo.

2. Documentación especializada y traducción

La documentación, entendida como un proceso informativo de recuperación y transmisión de conocimiento, ha sido tema de interés en el campo de los estudios de traducción (Elena, 1996; Palomares Perrault, 1997; Gonzalo García y García Yebra, 2004). De igual forma, no puede entenderse el proceso de traducción sin el desarrollo de destrezas de documentación en sus distintas fases, como puede ser la comprensión del texto origen y la reformulación del mismo. Retomamos en este punto las palabras de Sales Salvador (2006, págs. 15–17) cuando habla de la documentación aplicada a la traducción:

> [...] la documentación aplicada a la traducción es la disciplina que se encarga de guiar a quienes traducen en el proceso de identificación y resolución de necesidades informativas o problemas documentales en contexto, con el objetivo de lograr una traducción de calidad, lo que supone poseer un buen conocimiento y saber utilizar las fuentes de información disponibles y adecuadas a cada problema, así como saber manejar adecuadamente los sistemas de acceso, gestión, recuperación y utilización de esa información.

La transformación tecnológica en la que estamos inmersos condiciona de manera inexorable el origen de las fuentes de información de las que habla Sales Salvador (2006), así como las destrezas que pueden facilitar el acceso a dicha información. En el caso de la traducción, el acceso a la información pasa por un entramado tecnológico que, si no se realiza de una forma eficaz, puede acarrear grandes dificultades. Una buena documentación permitirá un acceso rápido a la información necesaria, siempre y cuando el usuario, en este caso el traductor o el intérprete, cuente con las destrezas necesarias. Este hecho se hace aún más evidente en el caso de la documentación digital (Sánchez Ramos, 2020a), donde las destrezas documentales tienen que ser más precisas si no queremos que el traductor o intérprete se pierda en un mar de información (a veces innecesaria). Este hecho ya lo señalan Alcina, Soler y Estellés (2005, pág. 222), quienes advierten de los cambios que la llegada de internet ha experimentado en el proceso de documentación:

> La búsqueda de información ha cambiado porque a) el traductor puede hacer las búsquedas sin salir de su despacho [...] y b) la información a la que puede acceder a través de Internet es notablemente superior en cantidad y variedad. Por otra parte, también ha cambiado respecto a qué tipo de información puede buscar porque ahora, junto a la búsqueda de contenido temático y equivalencias terminológicas, el traductor puede obtener textos especializados de diferentes tipos textuales y niveles de especialización.

Por otro lado, la documentación suele tener un carácter especializado *per se* debido a su componente práctico, cuya aplicación se realiza en contextos concretos. En el caso concreto de la TISP, la documentación adquiere una dimensión mayor debido al carácter social que la impregna. En la TISP, donde se hace necesario una comunicación eficaz que derribe las barreras lingüísticas y culturales entre los trabajadores de instituciones públicas (p. ej., hospitales, centros penitenciarios o comisaría de policía, entre otros), la documentación se presenta como un aspecto relevante debido a las posibles consecuencias que un fallo comunicativo pueda acarrear. Si bien la documentación en la TISP puede asemejarse a la documentación especializada, ostenta unas características concretas (Salgado Mariño, 2013). Por ejemplo, y como se indica en Busto Acedo y Sánchez Ramos (2021), la formación de profesionales para la TISP debería pasar por proporcionar un proceso de documentación esencialmente temático, terminológico y textual concreto y adaptado a las características de contexto en el que se vaya a desarrollar su labor. Así, en primer lugar, el traductor en la TISP puede acudir a fuentes documentales precisas para comprender el texto origen (información temática) atendiendo al encargo de traducción. Posteriormente, será necesario resolver dificultados terminológicas que faciliten la identificación y comprensión de los términos de un campo de especialización concreto. No obstante, el principal obstáculo que puede encontrarse el traductor es la falta de tiempo para hacer acopio de todo este material documental, y será precisamente en este punto donde un buen uso de los diversos recursos documentales será clave. Como señala Sánchez Ramos (2017, pág. 179):

> La documentación, ya sea en formato papel o electrónico, se supone como uno de los pilares básicos de la formación del traductor e intérprete, y aún lo es más en el caso de TISP, ya que los contextos comunicativos suelen ser muy específicos y el acceso a la información suele ser más sesgada. La comprensión del texto original y la re-expresión del mismo se deben al éxito y buen uso que el traductor haga de sus conocimientos lingüísticos y documentales (terminológicos, fraseológicos y textuales), entre otros, formando parte estos últimos de la denominada competencia documental.

Junto con la documentación informativa (o conceptual) y la terminológica que todo profesional de la TISP necesitar adquirir, se encuentra la documentación textual. La TISP suele centrarse en material informativo o divulgativo. En el campo sanitario, por ejemplo, es frecuente encontrar material textual en forma de impresos, formularios o folletos informativos. Asimismo, no hay que olvidar el componente cultural, que puede ser una barrera comunicativa a tener muy en cuenta. Con todo, la documentación en la TISP debe cubrir unas necesidades de corte lingüístico, temático, textual y cultural (Sánchez Ramos, 2020a), por lo que los distintos programas formativos deben esforzarse en que el traductor e intérprete de la TISP sea capaz de:

1. Adquirir y desarrollar una habilidad lingüística y comunicativa en las lenguas de trabajo, a la vez que comprender los conceptos clave que intervienen en situaciones diversas en los ámbitos de la TISP.
2. Adquirir y desarrollar habilidades de gestión terminológica y fraseológica en los distintos ámbitos de la TISP.
3. Ser capaz de identificar las diferencias concretas culturales características de las lenguas de trabajo, así como las convenciones textuales de las distintas lenguas.
4. Adquirir y desarrollar la llamada competencia documental en la TISP, basada en el dominio y aplicación de las estrategias adecuadas de acceso y selección de información, así como de las fuentes documentales precisas en cada tarea traslativa (Sánchez Ramos, 2020a, págs. 119–120)

De las distintas herramientas que el traductor e intérprete para la TISP puede emplear, existen trabajos que se centran en los corpus y gestores de concordancias. Sin bien se trata de recursos que han demostrado su utilidad y beneficios dentro del campo de la traducción especializada (Hu, 2016), los estudios son menores dentro de la TISP, donde los resultados dejan ver una escasa formación (y uso) de los mismos en contextos especializados (Sánchez Ramos y Lázaro Gutiérrez, 2020; Symseridou, 2018).

3. Metodología

Nuestro trabajo parte de una metodología mixta no experimental (Creswell, 2013), donde se formulan las siguientes preguntas de investigación:

a) ¿Cuál es la percepción del alumnado hacia la incorporación de los corpus y gestores de concordancias como herramientas de documentación digital para la TISP?
b) ¿Percibe este alumnado la utilidad de la incorporación de los corpus y gestores de concordancias en la TISP?

Consideramos que es una metodología idónea para el estudio que se propone y cuya descripción e interpretación de los datos puede ayudar a conocer la mejor forma de integrar los contenidos sobre corpus y gestores de concordancias dentro del campo de la TISP como herramientas de documentación digital.

El número de participantes estuvo formado por un total de 23 alumnos (10 de francés-español, 6 de ruso-español y 7 de árabe-español) matriculados en la asignatura de Técnicas y recursos para la TISP durante el curso académico 2020–2021. Esta asignatura sirve de base para introducir, desarrollar y fomentar el uso de las distintas herramientas tecnológicas (y documentales) a lo largo de todo el curso académico, como son los corpus y gestores de concordancias, las herramientas de traducción asistida, las herramientas de extracción terminológica y la traducción automática.

Para dar respuesta a las preguntas de investigación, se emplearon instrumentos cuantitativos, replicando de este modo estudios anteriores y que preceden a este estudio (Sánchez Ramos, 2020b; Sánchez Ramos y Lázaro Gutiérrez, 2020). Así, los participantes tuvieron que responder a un primer cuestionario que cumplimentaron al finalizar el módulo que incluía la instrucción en corpus y gestores de concordancias como herramientas de documentación en la TISP, y otro segundo cuestionario al terminar el cuatrimestre en el que habían cursado diversas asignaturas que, en teoría, les podían permitir la aplicación de lo aprendido en la asignatura de Técnicas y recursos para la TISP. Ambos cuestionarios pretendían dar respuesta a las preguntas de investigación indicadas anteriormente. Los cuestionarios fueron previamente validados con el fin de solventar cualquier fallo de tipo lingüístico o técnico. Los alumnos contestaron de forma anónima y se contó con el consentimiento de todos ellos.

El primer cuestionario estaba formado por un total de 10 ítems (1–5 escala Likert) que reflejaban acuerdo y desacuerdo, se administró una vez finalizada la asignatura e incluía enunciados relacionados con la herramienta utilizada (Sketch Engine), así como otras cuestiones relacionadas con la experiencia de uso de los participantes (Tabla 1). El segundo cuestionario se administró al finalizar el cuatrimestre y la principal finalidad era dar respuesta a la segunda pregunta de investigación, así como conocer si los corpus y gestores de concordancias habían sido de utilidad a lo largo del curso, demostrando, además de su utilidad, la autonomía de alumno en cuanto a la incorporación de herramientas documentales en los procesos traslativos. Este segundo cuestionario estuvo formado por cinco preguntas cerradas:

1. ¿Has utilizado los corpus y gestores de concordancias vistos en la asignatura de Técnicas y Recursos y los gestores de corpus durante el curso? Sí/No. Si tu respuesta es afirmativa, continúa con el resto de las preguntas.
2. ¿Cuál ha sido la principal finalidad de uso?
   a. Búsqueda lingüística (p.ej., patrones sintácticos o gramaticales).
   b. Revisión y comprobación traducciones propuestas.
   c. Creación de otras herramientas documentales (p. ej., elaboración de glosarios).
   d. Otras tareas. Por favor, señala cuáles.
3. ¿Consideras que los corpus y gestores de concordancias pueden ser unas herramientas documentales útiles y que utilizarás en tu día a día junto con otras herramientas? Sí/No.
4. ¿Consideras que la sesión dedicada a los corpus y gestores de concordancias debería ser obligatoria dentro de la asignatura Técnicas y Recursos para la TISP? Sí/No.

5. ¿Consideras que tus destrezas documentales han mejorado tras haber trabajado con corpus y gestores de concordancias? Sí/No.

En cuanto a la metodología de enseñanza empleada durante la sesión dedicada a los corpus y gestores de concordancias, se optó por el enfoque por tareas, una de las propuestas metodológicas más consolidadas dentro de la enseñanza de la traducción. En este enfoque todos los componentes del diseño curricular aparecen imbricados: 1) los objetivos, que pueden ser de distinto tipo; 2) la dinámica con que se desarrolla la tarea: en grupo, por parejas, con una determinada disposición del aula, fuera o dentro de la misma, en un aula convencional o no, etc.; 3) los materiales, que forman el punto de partida de la tarea y que el alumno procesa; 4) las actividades que configuran la tarea y que el estudiante tendrá que realizar; 5) el papel del profesor y del estudiante, que quedan redefinidos (el estudiante pasa a tener un papel activo, con responsabilidad y con capacidad de tomar decisiones, y el profesor pasa a ser un guía, un estructurador, un animador). Igualmente, se trata de un enfoque donde se establecen de forma clara los objetivos, la estructura curricular, la secuenciación de tareas y las unidades didácticas, la reflexión y la evaluación de la enseñanza.

Debemos también tener en cuenta la particularidad de la docencia durante el curso académico 2020–2021, ya que ha sido *online* para esta asignatura en su totalidad, lo cual ha llevado a replantearse los contenidos y a adaptarlos a la nueva situación docente. Atendiendo a las circunstancias específicas del contexto en el que se impartió la asignatura, la metodología docente unió teoría y práctica en sesiones variadas y dinámicas, con un énfasis muy importante en la participación del alumnado, mediante la interacción, y el trabajo tanto individual como colaborativo (en parejas o grupos). Para ello, se utilizaron las herramientas incluidas dentro de la plataforma Blackboard. Esta metodología está encaminada a establecer dinámicas de actividades teórico-prácticas que creen en los alumnos no solo una mejor comprensión de las múltiples caras que todo tema suele presentar, sino, y quizá lo más importante, el hábito de pensar por sí mismos en lugar de limitarse a recoger lo que se exponga en clase y en los materiales para después reproducirlo. De este modo, se familiarizó al alumnado multilingüe con los principales tipos de corpus empleados en traducción (comparables y paralelos) para luego instruirles en el diseño y compilación de un corpus comparable especializado (sanitario) de manera semiautomática con el gestor Sketch Engine (Figura 1), que además incorpora herramientas de análisis.

Figura 1: Ejemplo de concordancia para la palabra virus (FR) con Sketch Engine.

4. Resultados

Tras la administración del primer cuestionario, la finalidad era conocer la percepción que el grupo de participantes multilingüe tenía hacia una sesión centrada en el uso de corpus y gestores de concordancias para la TISP, un contenido que, como nos indica el enunciado 1 del cuestionario, era prácticamente desconocido para la gran mayoría. Un porcentaje del 70 % indicaba que desconocía en su totalidad este contenido, un dato más alto que los obtenidos en estudios previos con participantes del par de lenguas inglés-español (Sánchez Ramos y Lázaro Gutiérrez, 2020), donde un 54 % de los participantes (par de lenguas inglés-español) afirmaba desconocer este tipo de herramientas. Podría deducirse que, si bien la formación sobre corpus y gestores de concordancias en inglés y español llega a estar más consolidada, no lo es tanto en el resto de las lenguas que participan en este estudio. Por otro lado, la formación en el uso de este tipo de herramientas mostró alguna dificultad debido a los resultados anteriores. En concreto, fue el grupo formado por el par de lenguas ruso-español y árabe-español el que presentó más dificultad a la hora de utilizar el gestor de concordancias, si bien tras la sesión de práctica los alumnos se familiarizaron con la misma (enunciado 2). Tras ello, y como puede observarse, la sesión formativa en el uso de corpus resultó de gran utilidad, pues el 85 % de los participantes opinaba que Sketch Engine era una herramienta útil para la elaboración o creación de otras herramientas documentales, como pueden ser los corpus. (enunciado 3). Esta utilidad la ratifican de manera unánime el 85 % de los encuestados, quienes consideran que Sketch Engine era de gran utilidad en las tareas de terminología especializada (enunciado 4) y para cuestiones de corte gramatical y colocacional. (enunciado 5). Estos resultados vienen a corroborar los ya obtenidos en los estudios previos (Sánchez Ramos, 2020b; Sánchez Ramos y Lázaro Gutiérrez, 2020), donde los participantes en el estudio (par de lenguas inglés-español) apreciaron la utilidad de estas herramientas en los contextos especializados. El uso de Sketch Engine también ha supuesto un aumento en cuanto al nivel de autonomía y seguridad a la hora de acometer decisiones de índole lingüística y tecnológica, como así lo indica el 80 %, 85 % y 90 % de los enunciados, 6, 7 y 8 respectivamente. Estos resultados, además de estar en consonancia con los estudios que anteceden a esta investigación, están muy en línea con los de Giampieri (2021), Vigier (2016) o Frankenberg-Garcia (2015), donde se incide en la importancia de la incorporación de estas herramientas como ayuda para aumentar los niveles de autonomía y toma de decisiones en los procesos de traducción especializada. El resto de los enunciados estaban centrados en conocer si los participantes percibían la utilidad de la sesión dentro de los objetivos del propio curso de posgrado. De este modo, los participantes consideraron que el contenido impartido sobre los corpus y gestores de concordancias era acorde con los objetivos formativos dentro del máster (enunciado 9) y que, además, serían unas herramientas de documentación útiles para el resto del máster, (enunciado 10) afirmación que se comprobará también en el segundo cuestionario.

En cuanto al segundo cuestionario, y tras su aplicación al final del cuatrimestre, pudo observarse cierta correlación entre las respuestas de ambos instrumentos cuantitativos. Así, todos los participantes afirmaron de manera unánime haber utilizado los corpus y los gestores de concordancias durante su formación de posgrado. Más concretamente, los participantes subrayaron su uso para la creación de otros recursos, como los glosarios (54 %), revisión y comprobación de traducciones propuestas (30 %) o tareas de búsqueda de información lingüística, como pueden ser cuestiones sintácticas y gramaticales (16 %). Al igual que ocurría en los resultados del primer cuestionario, los participantes, tras haber cursados diversas asignaturas especializadas, afirman su utilidad como herramienta de documentación y muestran predisposición

Tabla 1: Resultados del cuestionario administrado tras la sesión dedicada a los corpus y gestores de concordancias para la TISP

Cuestionario inicial	(1)	(2)	(3)	(4)	(5)
1. Estoy familiarizado/a con los corpus y las herramientas de gestión de corpus.	10 %	70 %	20 %		
2. El proceso de compilación de corpus con Sketch Engine me ha resultado fácil.	20 %	25 %	55 %		
3. Sketch Engine facilita la compilación de otros recursos, como pueden ser los glosarios.				15 %	85 %
4. Considero que Sketch Engine es muy útil para trabajar la terminología especializada.				15 %	85 %
5. Considero que Sketch Engine es muy útil para comprobar patrones gramaticales y colocaciones.			5 %	15 %	85 %
6. Tras haber usado Sketch Engine, me siento más seguro en mis decisiones lingüísticas.				20 %	80 %
7. Tras haber usado Sketch Engine, me siento más seguro a la hora de incorporar esta herramienta en el proceso traductor.			5 %	10 %	85 %
8. La sesión sobre corpus y gestores de concordancias ha aumentado mi interés en estas herramientas de documentación.				10 %	90 %
9. Considero que la sesión dedicada a corpus y gestores de concordancias está relacionada con los objetivos formativos del máster.				5 %	95 %
10. Creo que los corpus y gestores de concordancias me serán útiles durante toda mi formación del máster.			5 %	15 %	80 %

a utilizarlas en su día a día (82 %). Además, subrayan del mismo modo que hicieran en el primer cuestionario, la idoneidad de incorporar los contenidos sobre corpus como formación obligatoria dentro de la asignatura de Técnicas y recursos para la TISP (86 %). Por último, y como indican estudios previos (Sánchez Ramos, 2020b; Sánchez Ramos y Lázaro Gutiérrez, 2020), los alumnos, tras haber recibido formación y tener la posibilidad de utilizarlos en otras asignaturas, estiman que sus destrezas documentales han mejorado (82 %), lo que sin duda vuelve a incidir en la importancia de la formación en dichas herramientas como instrumento para consolidar la autonomía del aprendizaje o las destrezas tecnológicas.

5. Conclusión

Nuestra propuesta se presenta como un estudio adicional y complementario a otros que han tratado de indagar la inclusión de la metodología de corpus en la formación de la TISP (Sánchez Ramos, 2020b; Sánchez Ramos y Lázaro Gutiérrez, 2020), y que es fruto de la incorporación de diversas metodologías que persiguen desarrollar y consolidar las destrezas documentales del alumnado de posgrado en la TISP. Si bien la metodología de corpus ha dado cuenta de propuestas exitosas y beneficios pedagógicos en el ámbito de la traducción, las propuestas son escasas en el campo de la TISP, donde una formación precisa en herramientas documentales de usuarios con un bagaje académico que puede llegar a ser variado se hace imprescindible. Ante esta situación, y en el contexto formativo del Máster en Comunicación intercultural, traducción e interpretación en los servicios públicos (Universidad de Alcalá, Madrid), se han llevado a lo largo de estos últimos años distintas acciones formativas para incluir contenido pedagógico sobre corpus y gestores de concordancias en los diversos pares de lenguas que ofrece este máster (inglés-español, francés-español, ruso-español y árabe-español). Los resultados de nuestro estudio, de corte descriptivo y no experimental, dejan de manifiesto una escasa formación en cuanto al uso de corpus y gestores de concordancias en las lenguas francés-español, ruso-español y árabe-español en comparación con los estudios realizados con participantes cuyas lenguas de trabajo son el inglés y el español. Sin embargo, y como se desprende de los resultados extraídos de un cuestionario inicial y final (instrumentos cuantitativos), los estudios sí coinciden en cuanto a su utilidad en las distintas tareas de traducción especializada y la necesidad de mantener estos contenidos como parte de asignaturas destinadas a presentar diversas herramientas documentales. Por otro lado, como ya indicaran otros trabajos (Frankenberg-Garcia, 2015; Giampieri, 2021; Vigier, 2016), los corpus y gestores de concordancias son fuente de consolidación de otras destrezas, como las más tecnológicas, así como un refuerzo en cuanto a la autonomía del aprendizaje.

Llegado este punto, no debemos olvidar los desafíos y peculiaridades que supone la incorporación de la metodología de corpus en una cohorte multilingüe, como ha sido nuestro caso. Tampoco podemos olvidar las limitaciones de nuestro trabajo, que se presenta como descriptivo, pero que, sin duda, viene a formar parte del acervo de estudios que persiguen la consolidación de la metodología de corpus en contextos especializados y la idoneidad de combinar dichas herramientas documentales para así dotar al traductor, en este caso de la TISP, de un buen número de recursos que faciliten sus tareas traslativas.

Agradecimientos

El presente trabajo se enmarca dentro del grupo de investigación FITISPos (Formación e investigación en traducción e interpretación en los servicios públicos, Universidad de Alcalá) y (parcialmente) en el seno del proyecto INMOCOR (Ref. P20_00109).

Referencias bibliográficas

Alcina, A., Soler, V. y Estellés, A. (2005). Internet como instrumento para la documentación en terminología y traducción. Hacia las plataformas de recursos electrónicos para el traductor especializado. En D. Sales Salvador (Ed.), *La biblioteca de Babel. Documentarse para traducir* (pp. 221–241). Granada: Comares.

Busto Acedo, R. y Sánchez Ramos, M. M. (2021). El corpus paralelo especializado como herramienta de extracción terminológica: ejemplo de uso y aplicación en la traducción e interpretación en los servicios públicos (TISP). En E. Sartor (Ed.), *Los corpus especializados en la lingüística aplicada: enseñanza y traducción* (pp. 159–184). Verona: Pliegos Hispánicos.

Creswell, J. (2013). *Research design: qualitative, quantitative, and mixed methods approaches*. Thousand Oaks, CA: Sage.

Elena, P. (1996). La documentación en la traducción general. En A. Hurtado Albir (Ed.), *La enseñanza de la traducción* (pp. 79–89). Castellón de la Plana: Publicaciones de la Universitat Jaume I.

Frankenberg-Garcia, A. (2015). Training translators to use corpora hands-on: challenges and reactions by a group of thirteen students at a UK university. *Corpora, 10*(3), 351–380.

Giampieri, P. (2021). Volcanic experiences: comparing non-corpus-based translations with corpus-based translation in translation training. *Perspectives. Studies in Translation Theory and Practice, 29*(1), 46–63. https://doi.org/10.1080/0907676X.2019.1705361

Gonzalo García, C. y García Yebra, V. (Eds.). (2004). *Manual de documentación y terminología para la traducción especializada*. Madrid: Arco Libros.

Hu, K. (2016). *Introducing corpus-based translation studies*. Berlín/ Heidelberg: Springer.

Palomares Perraut, R. (1997). *Análisis de las fuentes de información de estudios de traducción: creación de una base de datos*. Tesis doctoral. Universidad de Málaga, Málaga, España.

Sales Salvador, D. (2006). *Documentación aplicada a la traducción: presente y futuro de una disciplina*. Gijón: Ediciones Trea.

Salgado Mariño, J. (2013). *Fuentes documentales electrónicas disponibles para el traductor en los servicios públicos francés-español y español-francés: compendio y evaluación*. Trabajo fin de máster. Universidad de Alcalá, Alcalá de Henares, España.

Sánchez Ramos, M. M. (2017). Compilación y análisis de un corpus *ad hoc* como herramienta de documentación electrónica en traducción e interpretación en los servicios públicos (TISP). *Estudios de traducción, 7*, 177–190.

Sánchez Ramos, M. M. (2020a). *Documentación digital y léxico en la traducción e interpretación en los servicios públicos (TISP): fundamentos teóricos y prácticos*. Berlín: Peter Lang.

Sánchez Ramos, M. M. (2020b). Teaching English for medical translation: A corpus-based approach. *Iranian journal of language teaching research, 8*(2), 25–40.

Sánchez Ramos, M. M. y Lázaro Gutiérrez, R. (2020). Traducción de consentimientos informados y lingüística de corpus: una propuesta metodológica para el aprendizaje de la traducción de textos médico-jurídicos. En M. Seghiri (Ed.), *La lingüística de corpus aplicada al desarrollo de la competencia tecnológica en los estudios de traducción e interpretación y la enseñanza de segundas lenguas* (pp. 49–67). Berlín: Peter Lang.

Sánchez Ramos, M. M. y Vigier Moreno, F. (2016). Using monolingual virtual corpora in public service legal translator training. En E. Martín-Monje, I. Elorza y B. García Riaza (Eds.), *Technological advances in specialized linguistic domains: practical applications and mobility* (pp. 228–239). Londres/Nueva York: Routledge.

Symseridou, E. (2018). The web as a corpus and for building corpora in the teaching of specialised translation: the example of texts in healthcare, *FITISPos International Journal*, *5*(1), 60–82.

Vigier Moreno, F. (2016). Teaching the use of ad hoc corpora in the translation of legal texts into the second language. *Language and Law*, *3*(1), 100–113.

Traducción automática: análisis empírico y comparativo de la fiabilidad lingüística y textual en la traducción de resúmenes científicos (EN/FR>ES)[1]

*María Azahara Veroz-González**

RESUMEN

Actualmente, la traducción automática (TA) se ha convertido en una herramienta muy usada en el día a día de muchos investigadores, sepan idiomas o no. Muchos son los que hacen uso de ella para escribir sus resúmenes en otros idiomas, ya sea para exponer sus hallazgos a un congreso o como parte de sus artículos científicos en revistas. Teniendo esto en cuenta, este estudio parte de la hipótesis de si la traducción automática supone una herramienta fiable desde el punto de vista de la corrección lingüística y textual para la traducción de resúmenes científicos del inglés y del francés al español y, en tal caso, para cuál de estos idiomas de partida lo sería más. Por lo tanto, los principales objetivos de este trabajo se centran en a) demostrar la utilidad de los traductores automáticos en el discurso científico en la combinación de idiomas EN/FR>ES y b) facilitar una serie de pautas para la correcta utilización de los traductores automáticos. Para demostrar la hipótesis y llevar a cabo estos objetivos, hemos seguido las directrices planteadas por la Lingüística de Corpus para la compilación y gestión del corpus, así como la metodología Multidimensional Quality Metrics (MQM) para el análisis empírico de los resultados mostrados por dos de los traductores más usados actualmente, a saber, Google Translate y DeepL. En esta línea, se compilarán dos subcorpora de resúmenes científicos teniendo en cuenta el diseño planteado por Bowker y Pearson (2004) y, una vez compilados, se introducirán en los dos traductores anteriormente mencionados para finalmente analizar las traducciones resultantes y los errores cometidos, si los hubiere. Los errores, si los hubiere, serán cuantificarlos; además, se realizará una comparativa entre los dos subcorpora para demostrar la utilidad de la TA tanto por idioma de partida como por traductor automático. Con este estudio se espera poder medir la fiabilidad de estas herramientas en el ámbito científico teniendo en cuenta los objetivos planteados.

Palabras clave: Traducción automática, traducción científica, resúmenes científicos, posedición, Lingüística de Corpus, Multidimensional Quality Metrics (MQM)

* Departamento de Ciencias del Lenguaje, Universidad de Córdoba, averoz@uco.es

[1] El presente trabajo ha sido realizado (parcialmente) en el seno del proyecto «NEUROTRAD: TRADucción automática NEUROnal y paridad humano-máquina: aspectos de evaluación y posedición» (referencia B1-2020_07).

ABSTRACT
Nowadays, machine translation (MT) has become a widely used tool in the daily lives of many researchers, whether they know the target language or not; many of them use MT to write their abstracts in other languages, either to show their findings at a conference or as part of their papers in scientific journals. Bearing this in mind, this study starts from the hypothesis of whether MT is a reliable tool from the linguistic and textual accuracy perspective for the translation of scientific abstracts from English and French into Spanish and, if so, for which of these source languages it would be more reliable. Therefore, the main purposes of this paper are focused on a) proving the usefulness of MT in scientific discourse EN/FR>ES and b) providing a set of guidelines for the correct use of MT. To demonstrate the hypothesis and achieve these purposes, we have followed on the one hand, the guidelines set out by Corpus Linguistics for the compilation and management of the corpus and, on the other hand, the Multidimensional Quality Metrics (MQM) for the empirical analysis of the results from two of the most widely used MT, namely Google Translate and DeepL. In this line, two scientific subcorpora consisted of scientific abstracts have been compiled considering the design proposed by Bowker and Pearson (2004). Next, they were added in the two MT mentioned above to finally analyse the resulting translations and the errors if any. Subsequently, the results were quantified to demonstrate the usefulness of each MT tool and then they were compared to find out for which of the two source languages the MT is more reliable. With this study, we will be able to measure the reliability of MT in the scientific field considering the proposed purposes.

Keywords: machine translation, scientific translation, abstracts, post-editing, Corpus Linguistics, Multidimensional Quality Metrics (MQM)

1. Introducción

Actualmente, la traducción automática (en adelante, TA) se ha convertido en una herramienta muy usada en el día a día de muchos investigadores. Desde que se empezaron a utilizar los primeros programas de TA, allá por los años cuarenta (Bennet y Slocum, 1985), hasta nuestros días, hemos visto pasar la TA por diferentes etapas con las que ha ido adquiriendo una notoria mejora por parte de los usuarios, investigadores y traductores profesionales.

En los últimos años, la incursión que la TA en el ámbito laboral ha supuesto un aumento de la productividad y una bajada de los costes de producción en el flujo de trabajo de empresas e investigadores (Moorkens, 2017). Las causas se deben al cambio de paradigma en el que nos encontramos ya que, por un lado, nos hallamos ante una creciente globalización lingüística en la que los seres humos sentimos la necesidad de realizar intercambios comunicativos de forma inmediata en todo el globo y esto nos conduce a la utilización de la TA (Hernández Mercedes, 2002) y, por otro, al aumento de la calidad de las traducciones automáticas producidas con respecto a las de hace unos años, lo que origina que cada vez sean más los usuarios

> que hacen uso de la TA. En este sentido, algunos investigadores se atreven a afirmar que la calidad de estas empieza a asemejarse a la producida por un ser humano (Wu, *et al.*, 2016).

En esta línea, Briva-Iglesias (2021) afirma que estamos asistiendo a un aumento de esta modalidad en las empresas de traducción, lo cual se constata en el informe publicado en 2020 por la European Union of Associations of Translation Companies (EUATC), donde se indica que, en 2017, un 45 % de las empresas que ofertaban servicios lingüísticos utilizaba la TA y que en solo tres años había aumentado hasta casi el 70 %. Esta realidad podría extrapolarse a la transferencia del conocimiento en donde cada vez son más los investigadores que hacen uso de estas herramientas, ya sea para la comprensión de textos que necesitan para sus investigaciones o para la creación de textos cortos como resúmenes o comunicaciones en congresos.

Teniendo en cuenta la responsabilidad que supone la interpretación errónea de los textos en el ámbito investigador, consideramos necesario evaluar la calidad de estas traducciones con la finalidad de implantar mejoras que faciliten la comunicación de forma correcta. Por este motivo, nos hemos planteado si la TA supone una herramienta fiable desde el punto de vista de la corrección lingüística y textual para la traducción de resúmenes científicos del inglés y el francés al español y, en tal caso, para cuál de estos idiomas de partida sería más eficaz.

Así pues, los principales objetivos para la realización de este trabajo se centran en:

1. Demostrar el grado de utilidad de los traductores automáticos en el discurso científico en la combinación de idiomas EN/FR>ES.
2. Facilitar una serie de pautas para la correcta utilización de los traductores automáticos.

Para ello hemos analizado y evaluado las traducciones de dos subcorpora formados por resúmenes de artículos científicos traducidos de forma automática por Google Translate y DeepL (EN/FR>ES). Nos hemos basado, por una parte, en las premisas descritas por la Lingüística de Corpus en cuanto a la compilación y evaluación de la representatividad del corpus de estudio (Seghiri, 2011) y, por otra parte, en la metodología propuesta por Multidimensional Quality Metrics (MQM) para la clasificación y análisis de las traducciones realizadas.

1.1. Aproximación al concepto de traducción automática (TA)

Desde que se creó la traducción automática en los años cuarenta (Bennet y Slocum, 1985) hasta nuestros días, son muchos los autores que han reflexionado sobre el concepto de la TA y sus implicaciones (Hutchins y Somers, 1992; Berner, 2003; Llisterri, 2009; Sánchez Ramos y Rico Pérez, 2020).

Berner (2003) hace referencia al concepto de TA definiéndola como el empleo de un programa informático para traducir un texto de un lenguaje natural a otro. Este concepto, en el que solo están implicados el programa informático y la traducción de lenguas, lo vuelven a retomar Sánchez Ramos y Rico Pérez (2020: 2), quienes consideran la TA como la «traducción de una lengua mediante un programa informático, que es, al fin y al cabo, quien realiza la tarea sin la necesidad de que una persona (el traductor) participe en el proceso», es decir, subrayan que los programas de TA se ocupan de traducir una lengua a otra sin necesidad de la intervención humana.

Este binomio de programa informático y traducción sin intervención humana siempre ha estado presente en la TA; no obstante, cabe mencionar que otros autores e incluso empresas lo matizan, aportando aspectos tan necesarios como la revisión posterior, la calidad, la viabilidad desde un punto de vista económico o la comprensión del texto de destino. Es el caso de empresas como Systran (*s.f.*), que incide en que el programa ha de restaurar totalmente el mensaje en la lengua de destino; o de Hutchins y Somers (1992), que hacen referencia a las herramientas de TA como programas capaces de producir traducciones «en bruto» en un ámbito bien definido. Sin embargo, estos mismos autores subrayan que dichas traducciones han de ser revisadas a un ritmo económicamente viable para que sean de buena calidad y puedan entenderse por especialistas en la materia. Es interesante el hecho de que introduzcan el término «económicamente viable», ya que, si la TA fuera de mala calidad, no sería una traducción viable desde el punto de vista económico, pues el revisor tendría que volver a traducir el texto para que fuera entendible por un especialista en la materia.

Por tanto, independientemente de los matices que cada autor presenta, la TA no es más que la traducción de un texto o discurso de una lengua a otra a través de un programa informático sin la intervención humana, en donde habría que tener en cuenta factores tan importantes como la calidad y fiabilidad del texto resultante, la intervención humana en el proceso de la revisión y el coste que ello implica.

1.1.1. Sistemas de TA

Antes de proceder a la explicación de los materiales y métodos de este trabajo, conviene matizar cómo funcionan los programas de TA, pues de ello va a depender la calidad del texto meta.

Parra Escartín (2018) afirma que actualmente conviven tres tipos de traducción automática: a) traducción automática basada en reglas y que utiliza información lingüística (también llamada RBMT del inglés *Rule Based Machine Translation*); b) traducción automática estadística (o SMT, del inglés *Statistical Machine Translation*), y c) la traducción automática basada en redes neuronales (o NMT, del inglés *Neural Machine Translation*).

En primer lugar, la TA basada en reglas (RBTM), como la que encontramos en Lucy software que, actualmente pertenece a United Language Group (ULG), se encarga de analizar la lengua de origen para trasladar el significado a la lengua meta mediante datos lingüísticos extraídos de diferentes tipos de diccionarios. Este proceso consta de tres fases: análisis de la sintaxis de la lengua origen, transferencia (léxica, sintáctica o semántica) y, por último, generación del texto en la lengua origen. Parra Escartín (2018) asegura que este tipo de TA suele funcionar bien entre lenguas similares (por ejemplo, las lenguas romances), aunque requiere una inversión de tiempo considerable a la hora de revisar el texto meta.

Por otro lado, encontramos la TA estadística (SMT), sistema empleado por ejemplo por Google Translate. En este caso, se «aplica un modelo estadístico a partir del análisis de corpus de textos bilingües y paralelos, optimizando recursos y el uso del lenguaje natural» (Córdoba Mondéjar, *et al.*, s. d.), es decir, a través de un corpus de textos paralelos con millones de palabras traducidas en el idioma elegido, busca la opción más utilizada para así realizar una traducción automática. Estos sistemas se componen de tres modelos: a) el modelo de lenguaje encargado tanto de calcular la probabilidad de que una frase en la lengua de destino sea la adecuada, como de la fluidez, lo cual se entrena con un corpus monolingüe en lengua meta; b) el modelo de traducción encargado de establecer las correspondencias entre la lengua origen y meta, el cual se entrena utilizando un corpus alineado a nivel oracional y, c) el decodificador encargado de buscar dentro de todas las traducciones posibles la más adecuada en cada caso.

Por último, encontramos la TA neuronal, empleada por DeepL o Google Translate.[2] que son los programas utilizados en este estudio. Parra Escartín (2018) no entra en detalles a la hora de explicar su funcionamiento, pues es bastante complejo y, de acuerdo con las dimensiones y objetivos de este artículo, tampoco consideramos necesario extendernos en esta cuestión. No obstante, debemos señalar que su objetivo es el de imitar la forma en la que las neuronas humanas funcionan en nuestro cerebro. Parra Escartín (2018) lo explica del siguiente modo:

> Del mismo modo en que nuestras neuronas reciben información y realizan conexiones entre sí, los componentes del lenguaje se asocian con otra información subyacente para formar asociaciones y generar traducciones. (Parra Escartín, 2018)

Por lo tanto, a través de este sistema, el ordenador aprende de forma automática a traducir a partir de un gran corpus de textos paralelos que incluyen tanto información lingüística como intralingüística (Parra Escartín, 2018).

2. Materiales y métodos

En las siguientes líneas nos centraremos en tres aspectos principales:

a) Diseño, descarga y análisis de la representatividad de corpus.
b) Metodología del análisis: Multidimensional Quality Metrics (MQM).
c) Programas informáticos utilizados para la traducción y el etiquetado del corpus.

2.1. Diseño, protocolo de compilación y análisis de la representatividad de corpus

Para la realización de este apartado nos hemos basado en la metodología protocolizada establecida por Seghiri (2011), ya que se adapta a la perfección a los objetivos de este estudio.

Teniendo en cuenta que un corpus es un grupo de textos recopilado electrónicamente acorde con una serie de criterios específicos diseñados

---

[2] Cabe destacar que Google Translate hace uso tanto de la TA estadística como de la TA neuronal.

previamente (Bowker y Pearson, 2002), lo primero que se realizó fue el diseño de este. Como se trata de un corpus compuesto por textos que aparecen en Internet, en francés y en inglés, lo consideramos un corpus virtual y bilingüe comparable; a su vez, este está compuesto por dos subcorpus monolingües en cada una de las lenguas de estudio. Dichos subcorpus se han estudiado de manera separada, en un primer estadio de la investigación, para medir el grado de utilidad de los traductores automáticos de modo independiente y, en un segundo estadio, para comprobar con cuál de las dos lenguas estudiadas era más eficiente la TA en general y los dos motores empleados en particular. Cada subcorpus está compuesto por 20 resúmenes científicos en inglés y francés respectivamente sobre la covid-19 publicados entre marzo de 2020 y septiembre de 2021 en revistas indexadas en la WOS (Web of Science) y en Science Direct. Asimismo, los textos compilados son originales, es decir, no están traducidos. Ambos subcorpus son homogéneos, aunque desequilibrados en lo que se refiere al número de *tokens*. Sin embargo, son representativos tanto desde el punto de vista cualitativo —pues hemos garantizado la calidad a través de los criterios de diseño—, como desde el punto de vista cuantitativo, pues la representatividad se ha analizado con el programa ReCor (Corpas Pastor y Seghiri, 2007), como veremos más adelante.

Una vez diseñado el corpus, lo recopilamos. Para ello, volvimos a seguir las premisas establecidas por Seghiri (2011). Así pues, se establecieron los criterios de búsqueda y acceso a la información y, posteriormente, se descargaron los textos que componían el corpus, se normalizaron y se almacenaron.

Para los criterios de búsqueda, nos centramos, principalmente, en el objetivo principal de este estudio en el que se pretendía demostrar el grado de utilidad de los traductores automáticos en el discurso científico a partir de resúmenes científicos en la combinación de idiomas EN/FR>ES. Para ello, decidimos recopilar resúmenes científicos en un ámbito específico de la Medicina, la covid-19, debido a las repercusiones internacionales que ha tenido y a la intensa producción científica que se ha producido en un breve periodo de tiempo, lo que nos ha facilitado la búsqueda de información. Posteriormente, se decidieron las bases de datos científicas de las que íbamos a descargar la información. La selección se ha basado en la calidad científica de los artículos publicados en ellas, por ello hemos seleccionado la WOS y Science Direct, ambas bases de datos con un reconocido prestigio científico y editorial. Así pues, los criterios de búsqueda han quedado definidos de la siguiente manera (Tabla 1):

Tabla 1: Protocolo de compilación

Lengua	Descriptores	Sintaxis de búsqueda	URL de descarga
Francés	covid-19; pandémie; coronavirus, maladie, vaccination, médicament	Covid-19 OR coronavirus AND pandémie Covid-19 OR coronavirus AND maladie Covid-19 OR coronavirus AND vaccination Covid-19 OR coronavirus AND médicament	https://www.sciencedirect.com/
Inglés	Covid-19, pandemic, coronavirus, disease, vaccination, medication	Covid-19 OR coronavirus AND pandemic Covid-19 OR coronavirus AND disease Covid-19 OR coronavirus AND vaccination Covid-19 OR coronavirus AND medication	https://www.sciencedirect.com https://apps.webofknowledge.com/

Fuente: Autoría propia.

Atendiendo a los criterios de diseño arriba indicados, se procedió a la búsqueda y descarga de datos. En esta fase, se localizaron los datos en las bases de datos científicas mediante las ecuaciones de búsqueda establecidas en el protocolo de compilación y, posteriormente, se descargaron. Debido a que solo nos interesaban los resúmenes y a que, en muchos casos, el acceso a la descarga de los textos completos no es libre, cada uno de los resúmenes se copió en un documento en formato *.txt, junto con la fecha de compilación y la URL, por si posteriormente era necesario acceder a la fuente de la que procedía el resumen. Los archivos se almacenaron numerados en carpetas diferenciadas por subcorpus, es decir, subcorpus_FR y subcorpus_EN.

Tabla 2: Información sobre el corpus

Corpus	Número de textos	Número de tokens
Subcorpus_FR	20 textos	5521
Subcorpus_EN	20 textos	5898

Fuente: Autoría propia.

Decidimos que el número de textos recopilados debía ser el mismo ya que, para realizar un análisis comparativo de ambos subcorpus, debíamos contar con similares datos de análisis en cada una de las lenguas. Gracias al programa ReCor, que mide la representatividad cuantitativa de los corpus *a posteriori*, concluimos que ambos subcorpus eran representativos con 20 textos.

2.2. Metodología del análisis: Multidimensional Quality Metrics (MQM)

Este apartado se ha dedicado a la definición de los parámetros de análisis que hemos utilizado para determinar la calidad de las traducciones automáticas obtenidas por Google Translate y DeepL. El marco de parámetros elegido para este trabajo ha sido Multidimensional Quality Metrics (MQM), un sistema que propone una serie de parámetros que nos permiten medir la calidad de las traducciones. Dichos parámetros son flexibles según los objetivos establecidos en cada caso para la evaluación de la traducción, por lo que podíamos adaptarlo a nuestros propósitos. En definitiva, el MQM ofrece un catálogo de parámetros flexible para poder generar puntuaciones de calidad que nos permiten realizar un seguimiento del control de calidad (Technologies, 2015).

El MQM divide los errores en siete categorías principales: *accuracy* (precisión), *fluency* (fluidez), *verity* (verosimilitud), *terminology* (terminología), *locale convention* (convención local), *design* (diseño) e *internationalization* (internacionalización). De estas categorías, las tres primeras se dividen a su vez en subcategorías. Aunque son siete las categorías que existen para analizar los errores, en este trabajo vamos a centrarnos únicamente en tres: precisión, fluidez y terminología, ya que son los parámetros que más se adaptan al objeto de estudio. A continuación, se especifican las subcategorías analizadas dentro de las categorías escogidas para este estudio:

- Precisión: aquello que no se refleja en el TM tal y como aparece en el TO.
  - Adición: se ha añadido información que no aparece en el TO.
  - Mala traducción: la información del TM no concuerda con la del TO.
  - Omisión: no aparece en el TM información que sí aparece en el TO.
  - No traducido: inexistencia de cierto/s fragmento/s en el TM que debería de aparecer.
- Fluidez: aquello que no nos permite entender el texto de manera adecuada.
  - Gramática: uso incorrecto de la gramática y la sintaxis.

  - Registro gramatical: uso incorrecto del registro gramatical (formal/ informal)
  - Inconsistencia: falta de coherencia en el texto.
  - Ortografía: errores ortográficos en la escritura de palabras.
  - Tipografía: errores en la presentación del texto.
  - Ininteligibilidad: no se conoce la causa aparente por la que el texto no puede llegar a entenderse.
- Terminología: aquellos términos que no se logran traducir de manera adecuada al ámbito que pertenece el texto.

Asimismo, se ha realizado una parametrización por gravedad del error, atendiendo, sobre todo, a factores que afecten, en primer lugar, directamente a la comprensión del texto y, en segundo lugar, a la corrección de la lengua. Así pues, los errores se han clasificado como:

- Error leve: cuando afecta solo a la corrección de la lengua, pero no a la comprensión del texto.
- Error grave: cuando afecta tanto a la corrección de la lengua como a la comprensión del texto, pero aún sigue entendiéndose, aunque sea con dificultad.
- Error muy grave: cuando afecta tanto a la corrección de la lengua como a la comprensión del texto atendiendo a errores como contrasentidos o sinsentidos.

Una vez definidos los parámetros de análisis, es necesario explicar qué programas informáticos hemos utilizado para el procesamiento y el análisis del corpus.

2.3. Programas informáticos utilizados para la traducción y etiquetado del corpus

Por último, nos centraremos en los materiales utilizados para nuestra investigación, es decir, los programas informáticos. En los apartados anteriores, ya hemos mencionado y explicado tres de los cuatro programas que hemos utilizado para este estudio y sus funciones, a saber, a) ReCor, para el análisis de la representatividad del corpus; b) Google Translate; y c) DeepL. Estos dos últimos son motores de traducción automática neuronal.

Para el análisis y etiquetado de los errores hemos utilizado la función de «evaluación de la calidad» de Trados 2011 Studio, lo cual nos ha permitido definir los parámetros acordes con el MQM y los criterios de gravedad del error. Por otro lado, se ha controlado el tiempo que se ha tardado en realizar cada una de las revisiones por programa de traducción automática y por combinación de idiomas. De este modo, no solo se han cuantificado los errores, sino también el tiempo empleado para la corrección, dato que consideramos esencial para demostrar si la TA es eficiente y eficaz en el corpus estudiado.

3. Resultados y discusión

En este apartado, comentaremos los resultados obtenidos tras el análisis siguiendo el siguiente orden: análisis del tiempo empleado, resultados específicos y generales por combinación de idioma y traductor automático utilizado.

3.1. Análisis del tiempo

Por regla general, un traductor especializado suele alcanzar hasta un máximo de 3500 palabras diarias (Gámez y Cuñado, 2019), es decir, una media de unas 437 palabras por hora aproximadamente en una jornada laboral de 8 h. Teniendo esto en cuenta, si el subcorpus en francés cuenta con 5521 palabras, un traductor especializado, a ese mismo ritmo de trabajo, habría tardado 12 h 37 min aproximadamente y en traducir el subcorpus en inglés, que cuenta con 5898 palabras, 13 h 29 min.

Para poder saber si es factible o no utilizar la TA neuronal en el corpus de estudio, como decíamos al inicio de este capítulo, no solo es necesario analizar los errores sino además saber si es económicamente viable (Hutchins y Somers, 1992). En este sentido, el factor tiempo es esencial, pues si nos lleva más poseditar que traducir desde cero, ya no sería económicamente viable utilizar la TA. Por este motivo, hemos medido el tiempo empleado[3] en traducir y poseditar los subcorpus. Para el subcorpus en francés, hemos tardado con DeepL 3 h 50 min y, con Google Translate, 4 h 13 min. En el caso del subcorpus en inglés, con DeepL hemos tardado 3 h 15 min y, con Google Translate, 4 h. Así pues, podemos decir que, en cuanto al tiempo empleado, la TA nos ha ayudado a realizar las traducciones y posediciones

[3] Tiempo calculado sin etiquetado de error.

en menos tiempo, por lo que, en nuestro corpus de estudio es económicamente viable usarla. Además, cabría señalar que las traducciones realizadas con DeepL han supuesto un menor tiempo de posedición que las realizadas con Google Translate y que ambos traductores han funcionado mejor, en lo que se refiere al tiempo de posedición, para la combinación de idiomas inglés-español.

3.2. Resultados en cuanto a los tipos y gravedad de los errores

Como comentábamos en el apartado de la metodología, los errores se han categorizado por tipo y por gravedad. A continuación, se discuten los resultados por idiomas.

3.2.1. Tipos y gravedad de los errores en el subcorpus en francés

En la Figura 1, podemos observar un gráfico de barras en el que podemos ver cuáles son los tipos de error que más se repiten clasificados por motor de TA.

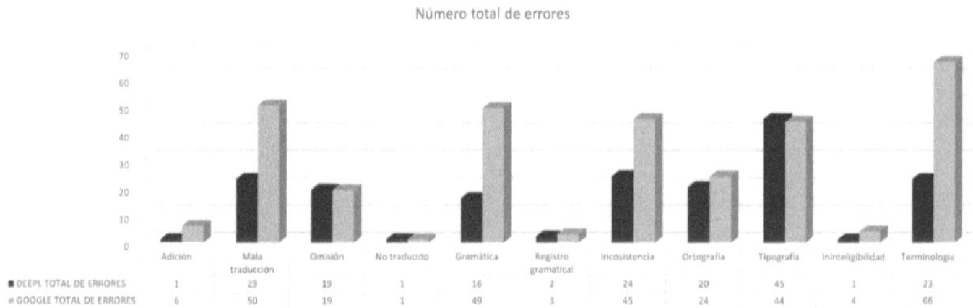

Figura 1: Número total de errores del subcorpus en francés clasificados por tipología. *Fuente:* Elaboración propia.

Google Translate ha cometido, por regla general, más errores que DeepL (Google Translate: 311 errores, DeepL: 175 errores); por otro lado, en ambos traductores priman la mala traducción (Google Translate: 50, DeepL: 23), la omisión (Google Translate: 19, DeepL 19), la gramática (Google Translate: 49, DeepL: 16), la inconsistencia (Google Translate: 45, DeepL: 44), la ortografía (Google Translate: 24, DeepL: 20), la tipografía (Google Translate: 44, DeepL: 45) y la terminología (Google Translate: 66, DeepL: 23). El resto de los errores que se aprecian son casi inexistentes.

En cuanto a la omisión, la ortografía y la tipografía, cabe señalar que, en la mayoría de los casos, no se deben al motor de TA en sí, sino a errores del original que el motor ha replicado en la lengua de llegada. Si bien no se deben a él, creemos interesante señalar que un traductor humano los hubiera localizado y corregido. Es el caso de los porcentajes en errores tipográficos, en el original, la mayoría de los autores no han separado la cifra del símbolo y esto se ha replicado en español. O, en la categoría de la ortografía, la grafía de *covid*, en ocasiones los autores lo ponen con mayúscula, *Covid* o *Covid-19*, mientras que su grafía correcta en ambos idiomas (francés y español) es *covid*, *covid-19* o *COVID-19*.

En el caso de la omisión, aunque en un principio la tomamos como aquello que se omitía en el texto de llegada pero que aparecía en el texto origen, en la mayoría de los casos nos hemos encontrado omisiones en la lengua origen que se replican en la lengua de llegada, como es el uso de los artículos; en ocasiones, los autores prescinden de ellos incluso cuando son necesarios y, por tanto, en el texto de llegada no aparecen. No obstante, cabe señalar que este tipo de errores no afectan a la comprensión del texto y son fácilmente detectables y corregibles durante el proceso de posedición.

Por otro lado, es importante considerar aquellos errores que afectan considerablemente a la comprensión del texto y, por tanto, dificultan el proceso de posedición. Para ello, recurrimos a una parametrización no solo por tipo de error, sino también por gravedad, otorgando diferentes penalizaciones dependiendo de la gravedad del error, siendo 1 para leve, 2 para grave y 3 para muy grave.

Como se observa en las figuras 2 y 3, encontramos errores graves y muy graves en las categorías mala traducción (penalización total[4]: Google Translate: 105, DeepL: 39), inconsistencia (penalización: Google Translate: 65, DeepL: 27), ininteligibilidad (aunque este tipo aparece muy poco) (penalización: Google Translate: 9, DeepL: 2) y terminología (penalización: Google Translate: 104, DeepL: 37).

---

4 En este punto señalamos el total de puntos penalizados en las categorías señaladas en el texto y no el número de errores, para hacernos una idea de la gravedad de los errores.

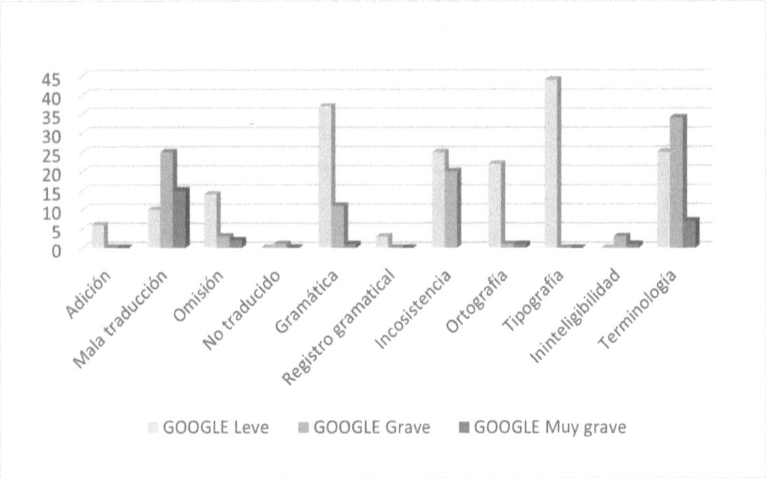

Figura 2: Gravedad de los errores con Google Translate en el subcorpus en francés. *Fuente:* Elaboración propia.

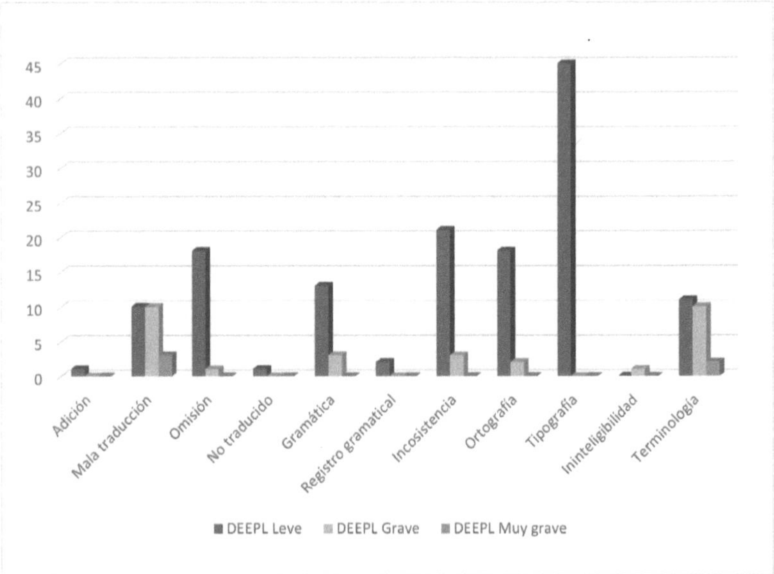

Figura 3: Gravedad de los errores con DeepL en el subcorpus en francés. *Fuente:* Elaboración propia.

Veamos pues un fragmento en el que nos encontramos con varios errores categorizados como graves, pues afectan a la comprensión del texto.

Tabla 3: Ejemplo de errores graves FR>ES

TO francés	Google Translate	DeepL	Propuesta
« Parmi les 51 patientes ayant une indication opératoire durant le confinement, 16 (31,4 %) ont été reportées après la levée du confinement. »	«De los 51 pacientes con indicación de cirugía durante el parto, 16 (31,4 %) se pospusieron después de que se levantó el encierro.»	«De los 51 pacientes con indicación de intervención quirúrgica durante el bloqueo, 16 (31,4 %) fueron reprogramados tras el levantamiento del bloqueo.»	«De las 51 pacientes en las que se indicó la necesidad de realizar una intervención quirúrgica durante el confinamiento, 16 (31,4 %) se pospusieron para después del confinamiento.»

Fuente: Elaboración propia.

En este fragmento, se observa un claro ejemplo de mala traducción en Google Translate, pues se ha cometido un falso sentido en el caso de *confinement*, el cual traduce por *parto* en vez de por *confinamiento*. En esta misma línea tenemos el género del término «*pacientes*»; se trata de pacientes con cáncer ginecológico, por lo que claramente el género de «*pacientes*» ha de ser femenino, es decir, «las pacientes», se trataría de un error gramatical grave, pues cambia el significado de la frase. Este tipo de errores se presenta de forma habitual en textos médicos, concretamente en el ámbito de las enfermedades de la mujer, tanto es así, que ya existen estudios al respecto orientados a la traducción automática y a la importancia de tener el aspecto del género en cuenta (Stanovsky et *al.*: 2019, Savoldi et *al.*: 2021, Farkas y Németh: 2022). Asimismo, observamos en ambos casos errores con la terminología empleada, pues no se utiliza la acepción correcta para *confinement*, hablando de «periodo de encierro» o «de bloqueo». En este fragmento también se han hallado errores de inconsistencia leves que atienden a la coherencia y cohesión de la frase; por ejemplo, si bien «pacientes con indicación de intervención quirúrgica» o «pacientes con indicación de intervención de cirugía» se entiende por el lector, sería más correcto y natural decir «pacientes en las que se indicó la necesidad de realizar una intervención quirúrgica». Por último, ambos motores de TA cometen el error de tipografía sobre los porcentajes que hemos comentado anteriormente.

Tras realizar el recuento de penalizaciones por tipo y por gravedad (1=leve, 2=grave, 3=muy grave), Google Translate ha obtenido una penalización total de 463 puntos, mientras que DeepL ha conseguido 215 puntos, por lo que podríamos decir que este último motor es más eficaz que el primero en los textos estudiados.

3.2.2. Tipos y gravedad de los errores en el subcorpus en inglés

Si observamos la Figura 6, podemos ver que los errores que priman en ambos motores de TA son similares en cuanto a tipología y gravedad; sin embargo, existe una tendencia a la no traducción de algunos términos en el caso de DeepL (17 errores). Es el caso, por ejemplo, de *burn-out*, que aparece igual en español, mientras que su correcta traducción sería *agotamiento*. Otro caso en el que los motores de traducción han mantenido directamente el término en inglés surge con las siglas referentes a diferentes métodos de investigación; en estos casos, ni se traducen ni se añade la expresión «por sus siglas en inglés», lo que facilitaría la comprensión del texto al lector.

En lo que respecta a errores de omisión, ortográficos y tipográficos, sucede lo mismo que en el caso del subcorpus en francés: se trata de errores leves, que no afectan a la comprensión del texto y están relacionados con la omisión de artículos, la grafía de *covid* o la separación de los porcentajes de las cifras.

Figura 4: Número total de errores del subcorpus en inglés clasificados por tipología. *Fuente:* Elaboración propia.

Si bien a partir de la Figura 4 podríamos decir que DeepL comete más errores que Google Translate, como veremos a continuación, los errores que más repite DeepL (omisión y tipografía) no tienen tanta gravedad como los que realiza Google Translate (mala traducción: 21, gramática: 38, inconsistencia: 29, ininteligibilidad: 8 y terminología: 68), al margen del error de la categoría «no traducido» mencionado al principio de este epígrafe.

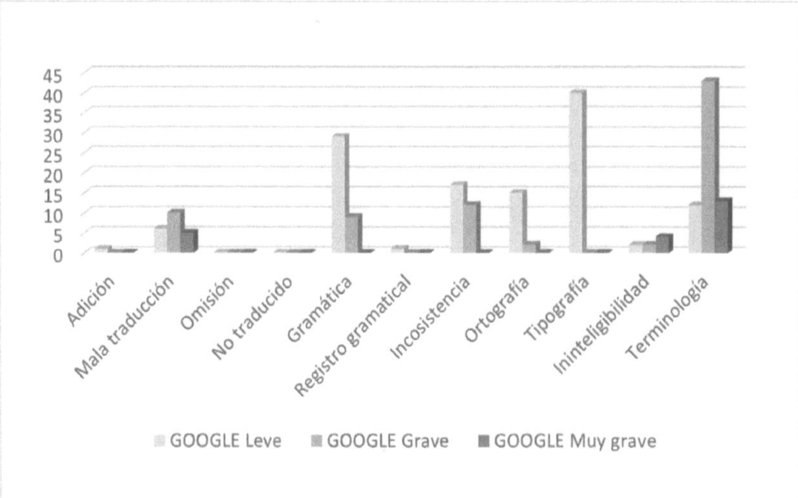

Figura 5: Gravedad de los errores con Google Translate en el subcorpus en inglés. *Fuente:* Elaboración propia.

De este modo, tal y como se observa en la Figura 5, Google Translate incurre en errores graves y muy graves en las categorías de mala traducción (número de errores graves: 10, muy graves: 5; total penalizado: 41), ininteligibilidad (número de errores graves: 5, muy graves: 4; total penalizado: 18) y terminología (número de errores graves 43, muy graves: 13; total penalizado: 137), y únicamente leves y graves, en gramática (número de errores: leves: 29, graves: 9; total penalizado: 47) e inconsistencia (número de errores leves: 17, graves: 12; total penalizado: 41).

Veamos pues un ejemplo de mala traducción:

Tabla 4: Ejemplo de errores EN>ES

TO inglés	Google Translate	Propuesta
«This study aimed to examine the relationship between *competitive anxiety* [...]».	«Este estudio tuvo como objetivo examinar la relación entre la *ansiedad competitiva* [...]».	«Este estudio tuvo por objetivo examinar la relación entre la *ansiedad por la competición* [...]».

Fuente: Elaboración propia.

En este caso, aunque *a priori* pueda parecer que *competitive anxiety* pueda traducirse por «ansiedad competitiva», el texto claramente se refiere a la ansiedad que sufren los deportistas de alto rendimiento antes de la competición, por lo que sería más correcto traducirlo por «ansiedad por la competición». En este mismo resumen se observa también un error de terminología muy grave, y es que traduce *competition* por *competencia* en vez de *competición* en el ámbito deportivo.

En el caso de otros textos del corpus, traduce *hightights* por *reflejos* y no por «puntos destacados» para realizar la enumeración de elementos que estructuran un artículo científico, y también traduce *abstract* por *abstracto* en vez de por *resumen*.

Por último, veremos un extracto en el que se desconoce la causa por la que el texto no llega a entenderse del todo, es lo que llamamos *ininteligibilidad*.

Tabla 5: Ejemplo de errores de ininteligibilidad EN>ES

TO inglés	Google Translate	Propuesta
Methodologically, it utilises in-depth interviews with tutors providing one-to-one instruction in English, maths or science in the regionally-differentiated tuition market.	Metodológicamente, utiliza entrevistas en profundidad con tutores que brindan instrucción personalizada en inglés, matemáticas o ciencias en el mercado de matrículas diferenciado regionalmente.	Desde el punto de vista de la metodología, se realizan entrevistas a tutores que realizan cursos personalizados de inglés, matemáticas o ciencias en academias diferenciando por regiones.

Fuente: Elaboración propia.

Como podemos ver en la Figura 6, la mayoría de los errores realizados por DeepL se corresponden con errores leves, siendo los más graves los fragmentos no traducidos (total penalizado: 35), seguidos de los errores de ortografía (total penalizado: 25) y de terminología (total penalizado: 20), entre los que destacamos la traducción de *evidence* por *evidencia* en vez de *prueba*, *dramatic* por *dramático* en vez de *grave*, o *predictor* por *predictor* en vez de *indicador*.

En resumen, en lo que se refiere al número de errores, en la lengua inglesa en la que DeepL ha cometido 154 errores en comparación con los 223 obtenidos en el análisis del corpus traducido con Google Translate. No obstante, cabe destacar, que no solo el número de errores es importante, sino también la gravedad de estos, pues, la gravedad de los errores puede afectar en mayor medida a la comprensión del texto que el número.[5] Así pues, DeepL obtuvo una penalización de 198 puntos, mientras que Google Translate de 345 puntos, por lo que, de nuevo, DeepL es más eficaz que Google Translate.

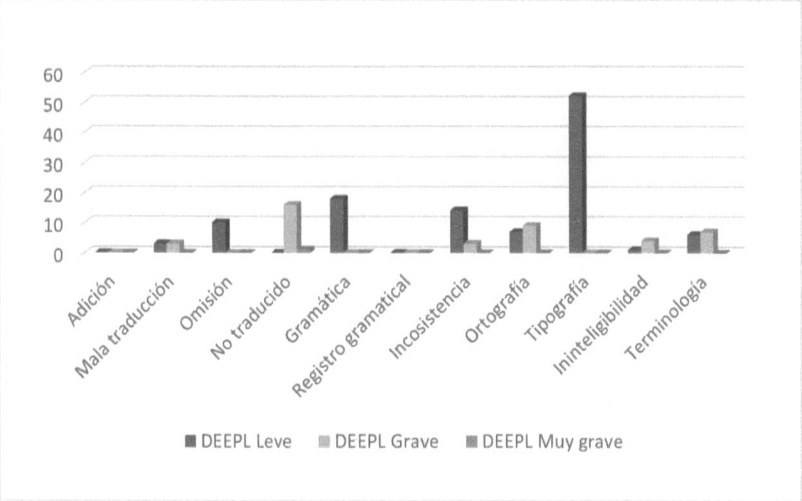

Figura 6: Gravedad de los errores con DeepL en el subcorpus en inglés.
Fuente: Elaboración propia.

Así pues, tras analizar pormenorizadamente los resultados por subcorpus, consideramos necesario mostrar la Figura 7, que responde a dos de las grandes preguntas planteadas al inicio de este capítulo: qué motor de TA es más eficaz en el corpus de estudio y para cuál de estos idiomas de partida sería más eficaz. De acuerdo con el estudio realizado de tiempo, número de errores, tipos de error y gravedad de estos, el motor más eficaz es DeepL para ambas combinaciones; no obstante, se ha de matizar que funciona mejor para la combinación de idiomas inglés-español, pues es el que recibe un menor número de penalizaciones.

[5] Sería posible encontrar un texto con un gran número errores leves que no afecten a la comprensión del texto sino a la forma o al estilo o encontrar un texto con escasos errores graves que hagan incomprensible el texto. Por este motivo, es importante no solo medir el número de errores sino también la gravedad de estos.

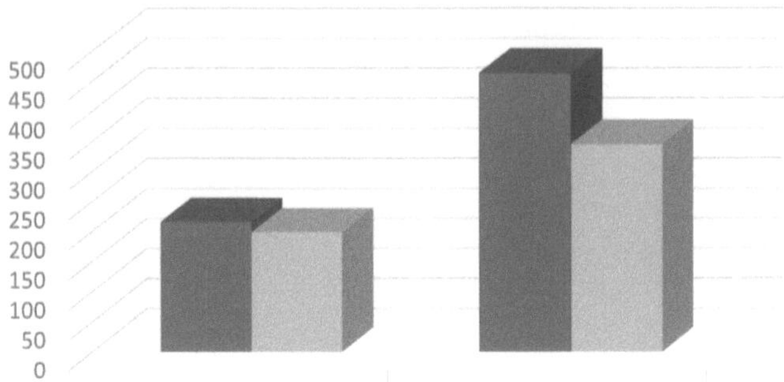

	DeepL	GoogleTranslate
Frances	215	463
Inglés	198	345

Figura 7: Penalizaciones totales.
Fuente: Elaboración propia.

4. Conclusiones

Es evidente que la TA está revolucionando no solo el mercado de la traducción, sino también la práctica profesional de los traductores e incluso de los usuarios/el público en general. En concreto, actualmente son muchos los académicos e investigadores que hacen uso de ella, ya sea para la comprensión de otros estudios publicados en una lengua que no es la suya como para la producción de textos científicos. En este paradigma en el que nos encontramos, nos preguntábamos al inicio de este capítulo «si la TA supone una herramienta fiable desde el punto de vista de la corrección lingüística y textual para la traducción de resúmenes científicos del inglés y el francés al español y, en tal caso, para cuál de estos idiomas de partida lo sería más eficaz.»

Para demostrar esta hipótesis, hemos analizado un corpus de resúmenes científicos sobre la covid-19 compuesto por dos subcorpora en francés y en inglés con el fin de demostrar el grado de utilidad de dos traductores automáticos neuronales, a saber, DeepL y Google Translate. Asimismo, se ha medido el tiempo de posedición para demostrar si eran «económicamente viables». Para la realización del análisis, se utilizó la clasificación MQM para la tipología de error y una penalización por gravedad del error, así pudimos cuantificar no solo la cantidad de errores, sino además la calidad del texto resultante. Tras el análisis, se ha demostrado que la utilización de ambos traductores es económicamente viable, pues reduce significativamente el tiempo de dedicación (incluso incluyendo la posedición), si bien DeepL es el que menos errores comete y con menos gravedad en ambas lenguas, destacando la combinación inglés-español.

No obstante, es conveniente señalar que, aunque concluimos que los traductores automáticos funcionan de manera satisfactoria en cuanto a los parámetros de análisis, habría que diferenciar si su uso se realiza para alcanzar una comprensión puntual de los textos por un investigador o para la publicación de estos. En el primer caso, consideramos que incluso los errores de comprensión más graves podrían deducirse por el conocimiento enciclopédico del investigador en cuestión que los utilizase; sin embargo, si los textos desean publicarse tendrían que ser revisados si, ya que, como hemos indicado, suelen contener errores lingüísticos y textuales que dificultan la comprensión de los mismos. Así pues, en dicho caso, consideramos necesario facilitar una serie de pautas para la correcta utilización de los traductores automáticos:

1. Es necesario que siempre haya una intervención humana antes (en el proceso documental) y después (en el proceso de posedición y corrección) del proceso de traducción.
2. Es recomendable la consulta de normas ortotipográficas y gramaticales en cuanto a la utilización de términos especializados, pues, como hemos observado, las normas ortotipográficas no siempre son iguales en las lenguas de trabajo. Asimismo, los errores en el TO en estos textos son frecuentes y la TA los replica en lugar de corregirlos.
3. Es recomendable la consulta de palabras sueltas o frases de tipo especializado. Se han observado muchos errores terminológicos debido a las diferentes acepciones que tienen los términos, por lo que es necesario comprobar cuál de ellas es la adecuada en la LM y en ese contexto en particular.
4. Resulta útil la verificación de palabras ya conocidas, sobre todo, cuando el contexto nos indica que no significan lo que parece indicar para evitar, de nuevo, el error terminológico.
5. Y, por último, no se debe perder de vista el original ni dar por hecho que la TA es correcta de principio a fin, pues, como hemos observado, aunque puede suponer un ahorro de tiempo y esfuerzo, los resultados no nos aseguran la corrección del TM desde el punto de vista textual y lingüístico.

En suma, la TA no es el futuro, es el presente, y a medida que la inteligencia artificial se desarrolle, los traductores automáticos mejorarán la calidad de las traducciones que ofrecen. No obstante, hoy por hoy la intervención humana se hace imprescindible, por lo que debemos asimilar la TA como una herramienta más, la cual, bien usada, hace que el trabajo del traductor sea más eficiente y eficaz.

Referencias bibliográficas

(EUATC), E. U. (2017). European Language Industry Survey. Recuperado de https://ec.europa.eu/info/sites/info/files/2017_language_industry_survey_report.en.pdf

(EUATC), E. U. (2020). 2020 European Language Industry Survey. Recuperado de https://ec.europa.eu/info/sites/default/files/2020_language_industry_survey_report.pdf

Bennet, W. y Slocum, J. (1985). The LRC machine translation system. *Computational Linguistics, 11*, 111–121.

Berner, S. (2003). Lost In Translation: Cross-Lingual Communication, and Virtual Academic Communities. *CiteSeer.* Recuperado de http://citeseerx.ist.psu.edu/viewdoc/summary?doi=10.1.1.130.2973

Bowker, L. y Pearson, J. (2002). *Working with specialized language.* Londres: Routledge.

Briva-Iglesias, V. (2021). Traducción humana vs. traducción automática: análisis contrastivo e implicaciones para la aplicación de la traducción automática en traducción judicial. *Mutatis Mutandis*, Vol. 14, Extra 2, 571–600.

Córdoba Mondéjar, I., Rico Pérez, C., Ortíz Jiménez, M., Doquin de Saint Preux, A., Arevalillo Doval, J., Arcedillo Jiménez, M. y Cabero Zumalacárregui, J. (2015). *Estudio de viabilidad para la implantación de la traducción automática.* Recuperado de http://hdl.handle.net/11268/4362

Corpas Pastor, G. y Seghiri, M. (2007). ReCor. Málaga.

Farkas, A. y Németh, R. (2022). How to measure gender bias in machine translation: Real-world oriented machine translators, multiple reference points. Social Sciences & Humanities Open, Volume 5 (1). Recuperado de https://doi.org/10.1016/j.ssaho.2021.100239

Gámez, R. y Cuñado, F. (27 de febrero de 2019). *Traducción Jurídica*. Recuperado de https://traduccionjuridica.es/cual-es-la-capacidad-de-trabajo-de-un-traductor/

Group Multilingual Technologies. (2015). *Multidimensional Quality Metrics (MQM)*. Recuperado de http://www.qt21.eu/quality-metrics/

Hernández Mercedes, P. (2002). En torno a la traducción automática. *Cervantes, 2*, 101–117.

Hutchins, W. y Somers, H. (1992). *An Introduction to Machine Translation. Cambridge University Press.* Cambridge: Cambridge University Press.

Llisterri, J. (2009). *Tecnologías lingüísticas: Las tecnologías del texto.* Recuperado de http://www.corpus.unam.mx/cursocorpus/TecnoLing_Lynx02.pdf

Moorkens, J. (2017). Under Pressure: Translation in Times of Austerity. *Perspectives: Studies in Translation Theory and Practice, 25*(3), 464–477.

Parra Escartín, C. (2018). ¿Cómo ha evolucionado la traducción automática en los últimos años? *La Linterna del Traductor. La revista multilingüe de ASETRAD.* Recuperado de http://www.lalinternadeltraductor.org/n16/traduccion-automatica.html

Savoldi, B., Gaido, M., Bentivogli, L., Negri, M. y Turchi, M. (2021). Gender Bias in Machine Translation. *Transactions of the Association for Computational Linguistics.* Vol. 9, 845–874. https://doi.org/10.1162/tacl_a_00401

Sánchez Ramos, M. y Rico Pérez, C. (2020). *Traducción automática: Conceptos clave, procesos de evaluación y técnicas de posedición.* Granada: Comares.

Seghiri, M. (2011). Metodología protocolizada de compilación de un corpus de seguros de viajes: aspectos de diseño y representatividad. *RLA. Revista de lingüística teórica y aplicada*, Vol. 49 (2), 13–30.

Stanovsky, G., Smith, N. y Zettlemoyer, L. (2019). Evaluating Gender Bias in Machine Translation. En: *Proceedings of the 57th Annual Meeting of the Association for Computational Linguistics*, 1679–1684, Florence, Italy. Association for Computational Linguistics. Recuperado de https://arxiv.org/pdf/1906.00591.pdf?ref=https://githubhelp.com

Systran. (2021). *Systran Translate*. Recuperado de https://www.systran.net/en/translate/

Wu, Y., Schuster, M., Chen, Z., Le, Q. V., Norouzi, M., Macherey, W., Krikun, M., Cao, Y., Gao, Q., Macherey, K., Klingner, J., Shah, A., Johnson, M., Liu, X., Kaiser, L., Gouws, S., Kato, Y., Kudo, T., Kazawa, H. y Dean, J. (2016). Google's neural machine translation. *ArXiv:1609.08144 [Cs]*. Recuperado de https://arxiv.org/abs/1609.08144

Qué se traerá gApp entre manos... O cómo mejorar la traducción automática neuronal de variantes somáticas (ES>EN/DE/FR/IT/PT)

Carlos Manuel Hidalgo-Ternero y Gloria Corpas Pastor***

RESUMEN

En este artículo presentamos los resultados de una investigación con gApp, un sistema de preprocesamiento de texto, diseñado para la identificación y conversión automáticas de expresiones pluriverbales desde sus formas discontinuas hacia sus formas continuas con el objetivo de mejorar el rendimiento de los actuales sistemas de traducción automática neuronal (TAN) (véase Hidalgo-Ternero, 2021; Hidalgo-Ternero y Corpas Pastor, 2020 y 2024). A fin de demostrar su eficacia, se ha llevado a cabo un experimento con algunos de los sistemas TAN más robustos hasta la fecha (ModernMT, DeepL y Google Translate) en las direccionalidades ES>EN/DE/FR/IT/PT para la traducción de somatismos, es decir, expresiones pluriverbales que contienen un lexema que hace referencia a un órgano o parte del cuerpo humano o animal (Mellado Blanco, 2004). De forma más concreta, se han analizado construcciones con la estructura de verbo más sintagma preposicional [V+SP]: las variantes léxicas *traer(se) entre manos*, *tener entre manos* y *llevar(se) entre manos*. De esta manera, los prometedores resultados obtenidos con este tipo de expresiones abren el camino hacia nuevas formas de optimizar el tratamiento de las expresiones pluriverbales por parte de los sistemas TAN. Hasta donde sabemos, se trata del primer estudio que analiza el rendimiento de este sistema para la traducción automática neuronal de expresiones con la estructura V+SP en cinco direccionalidades diferentes y con tres sistemas TAN distintos.

Palabras clave: sistema de preprocesamiento de texto, traducción automática neuronal (TAN), variantes somáticas, construcciones V+SP, discontinuidad

ABSTRACT

In this paper we present research results with gApp, a text-preprocessing system designed for automatically detecting and converting discontinuous multiword expressions (MWEs) into their continuous forms so as to improve the performance of current neural machine translation systems (NMT) (see Hidalgo-Ternero, 2021, and Hidalgo-Ternero & Corpas Pastor, 2020 and 2024). In order to test its effectiveness, an experiment with some of most robusts NMT system to date (ModernMT, DeepL and Google Translate) has been carried out in the ES>EN/DE/FR/IT/PT directionalities for the translation of somatisms,

* IUITLM Departamento de Traducción e Interpretación, Universidad de Málaga, cmhidalgo@uma.es

** IUITLM Departamento de Traducción e Interpretación, Universidad de Málaga, gcorpas@uma.es

i.e., MWEs containing lexemes referring to human or animal body parts (Mellado Blanco, 2004). More specifically, we have analysed "Verb + Prepositional Phrase" (VPP) constructions: the lexical variants *traer(se) entre manos*, *tener entre manos* y *llevar(se) entre manos*. The promising results yielded by the study for this typology of multiword expressions open up new ways to optimise MWE-processing by NMT systems. This is, to the best of our knowledge, the first study analysing the performance of this system for the neural machine translation of VPP multiword expressions in five different language directionalities and with three different NMT systems.

Keywords: text preprocessing system, Neural Machine Translation (NMT), "Verb + Prepositional Phrase" constructions, somatic variants, discontinuity

1. Introducción

Pese a los recientes avances en traducción automática neuronal (TAN), tales sistemas presentan aún un especial punto débil: las expresiones pluriverbales. A las dificultades que, por excelencia, presentan estas expresiones, tales como anomalía sintáctica, no composicionalidad, variación diasistemática o ambigüedad, entre muchas otras, se suma un importante desafío: las expresiones pluriverbales no siempre están compuestas por palabras contiguas (por ejemplo, *le pusieron de nuevo los cuernos*) lo que supone serios problemas para su detección y traducción automáticas (Corpas Pastor, 2013; Hidalgo-Ternero, 2020; Ramisch y Villavicencio, 2018; Rohanian, Taslimipoor, Kouchaki, An Ha, y Mitkov, 2019).

Con el fin de superar estos retos, se ha diseñado gApp (cfr. Hidalgo-Ternero y Corpas Pastor, 2020), un sistema para la detección y conversión automáticas de expresiones discontinuas hacia sus formas continuas con el objetivo de mejorar el rendimiento de los sistemas TAN. En este sentido, la presente propuesta se enmarca en el creciente conjunto de publicaciones científicas que ya han demostrado decisivos avances en la optimización de la traducción automática neuronal en relación con el tratamiento de las expresiones pluriverbales (Rikters y Bojar, 2017; Wang, Tu, Xiong, y Zhang, 2017; Zaninello y Birch, 2020).

Para comprobar la eficacia de este sistema, se han llevado a cabo tres experimentos previos. En el primero (Hidalgo-Ternero y Corpas Pastor, 2020), se analizó el rendimiento de los dos sistemas TAN más avanzados en la actualidad (Google Translate y DeepL) en la traducción (ES>EN) de 560 casos de expresiones pluriverbales verbo-nominales en forma discontinua y continua, contrastando la conversión automática con gApp frente a aquella realizada de forma manual. Dicho experimento arrojó resultados tan interesantes como que el sistema consiguió mejorar el rendimiento final de DeepL en un 10 % y el de Google Translate en un 14,6 %, con una media de 12,3 % entre ambos sistemas TAN. Asimismo, los resultados con gApp solo presentaron una diferencia de 2,7 % con respecto a la conversión manual, que, por su parte, obtuvo una mejora media del 15 %. Este rendimiento cuasianálogo se debe en gran medida al alto nivel de precisión (94,8 %) y exhaustividad (96,8 %) del sistema, lo que significa que pudo identificar casi todos los resultados relevantes (es decir, aquellos que se correspondían con la forma discontinua de las expresiones objeto de estudio) y, al mismo tiempo, descartar la práctica totalidad de resultados irrelevantes (esto es, concordancias del corpus que contenían patrones análogos al de los somatismos pero que no se correspondían con la forma discontinua de estas expresiones) de forma automática.

En el segundo experimento (Hidalgo-Ternero y Corpas Pastor, 2024) se analizó la mejora que gApp suponía para DeepL no solo hacia el inglés (ES>EN) sino también hacia el alemán (ES>DE) con 400 casos de expresiones pluriverbales verbo-nominales en forma discontinua y continua, nuevamente contrastando la conversión con gApp frente a la manual. Los resultados obtenidos muestran cómo gApp mejoró el rendimiento de DeepL en un 13,5 % en la direccionalidad ES>EN y en un 9 % en ES>DE, solo un 0,5 % por debajo de los resultados obtenidos con la conversión manual (14 % y 9,5 %, respectivamente). Esta mejora casi idéntica entre ambas conversiones se debe nuevamente el alto nivel de precisión (95,1 %) y exhaustividad (97,5 %) de gApp.

En el tercer experimento (Hidalgo-Ternero, 2021), con 400 casos con la forma discontinua y continua de somatismos verbo-nominales en francés, se demostró que el sistema gApp alcanzó unos resultados análogos a los de la conversión manual para los somatismos objeto de estudio, con una mejora en el rendimiento de DeepL del 18 % en la direccionalidad FR>EN y del 16,5 % en la direccionalidad FR>ES.

Así, a diferencia de los experimentos anteriores, en los que se analizaban expresiones verbo-nominales, examinaremos aquí somatismos con la estructura de verbo más sintagma preposicional [V+SP], en concreto, las variantes léxicas *traer(se) entre manos*, *tener entre manos* y *llevar(se) entre manos*. Otra de las novedades radica en que, mientras que en los anteriores trabajos se analizaba un máximo de dos sistemas TAN y dos direccionalidades distintas, en este estudio examinamos el rendimiento de tres sistemas TAN (ModernMT, DeepL y Google Translate) en cinco direccionalidades diferentes (ES>EN/DE/FR/IT/PT). Con este propósito, el presente capítulo queda dividido en las siguientes secciones. En la sección 2 se describe de forma pormenorizada la metodología del estudio. Tras esto, en la sección 3 se mostrarán los resultados de un experimento llevado a cabo con expresiones pluriverbales en su forma discontinua y continua a fin de comprobar en qué medida gApp es capaz de optimizar el rendimiento de los distintos sistemas TAN en las cinco direccionalidades. En la sección 4, se ofrecerá una discusión de estos resultados para finalmente, en la sección 5, desgranar las conclusiones del presente estudio.

2. Metodología

Procedemos ahora a presentar la investigación llevada a cabo a fin de determinar en qué medida puede mejorar gApp el rendimiento de ModernMT, Google Translate y DeepL en las direccionalidades ES>EN/DE/FR/IT/PT. Así, de forma análoga a Hidalgo-Ternero y Corpas Pastor (2020), siguiendo una metodología basada en corpus, las variantes objeto de estudio fueron analizadas y extraídas de los corpus esTenTen (17 000 millones de palabras) y JSI Timestamped Spanish corpus 2014–2021 (16 400 millones de palabras), ambos disponibles en el sistema de gestión de corpus Sketch Engine (Kilgarriff *et al.*, 2003). Las concordancias ahí examinadas conforman una muestra heterogénea en términos de tipología textual, fuentes y variedad diasistemática de la lengua. Por ello, a pesar de los desafíos que presenta el contenido generado por el usuario (CGU) para la TAN dado su elevado porcentaje de errores, ruido y palabras raras (Sperber, Niehues y Waibel, 2017; Belinkov y Bisk, 2018), se incluyeron asimismo en el estudio concordancias con CGU a fin de evitar el sesgo muestral que podría originarse al seleccionar exclusivamente los datos de entrenamiento canónicos de la TAN para nuestro estudio. De esta manera, se analizó un total de 300 casos con la forma discontinua y continua de los somatismos *traer(se) [algo] entre manos*, *tener [algo] entre manos* y *llevar(se) [algo] entre manos*, con el significado de 'estar ocupándose [en ello]' (DFDEA, 2017, p. 492).

Para cada uno de estos somatismos, se seleccionaron 50 resultados irrelevantes a fin de determinar, en una primera fase, la precisión y exhaustividad del sistema. Tras esto, en una segunda fase, se clasificaron los resultados en tres categorías principales: antes de gApp, después de la conversión automática con gApp y después de la conversión manual. El mismo estudio se llevó a cabo en todas las direccionalidades (ES>EN/DE/FR/IT/PT). En lo que respecta a la variedad diatópica, para aquellos sistemas TAN que permitían escoger entre distintas (ModernMT en el caso del español y portugués, y DeepL en el caso del inglés y portugués) se seleccionó como lengua meta la variante europea para portugués y la variante británica para el inglés. En cuanto a la lengua de partida (el español), se seleccionó la variante europea o la americana, dependiendo del dominio de nivel superior geográfico del texto analizado en cada caso (.ar, .bo, .cl, .co, .es, etc.). Las traducciones de los distintos sistemas TAN para cada uno de estos escenarios se examinaron de forma manual siguiendo una evaluación de TA basada en ejemplos (*instance-based MT evaluation*, Zaninello y Birch, 2020) con distintos candidatos de texto meta para cada uno de los somatismos en sus formas discontinuas y continuas. A este respecto, no se tuvieron en cuenta errores morfosintácticos, ortotipográficos o traductológicos que afectasen a otras partes de los textos meta no relacionadas con el fenómeno de la discontinuidad para las expresiones pluriverbales objeto de estudio. Asimismo, a fin de analizar la frecuencia de uso de los equivalentes ofrecidos a lo largo de las propuestas de traducción de los sistemas TAN, se emplearon los siguientes corpus, también disponibles en Sketch Engine: enTenTen (38 100 millones de palabras) y JSI Timestamped English corpus 2014–2021 (60 400 millones), para el inglés; deTenTen (5 300 millones) y JSI Timestamped German corpus 2014–2021 (7 100 millones), para el alemán; frTenTen (5 700 millones) y JSI Timestamped French Corpus 2014–2021 (7 000 millones) para el francés; itTenTen (5 000 millones) y JSI Timestamped Italian corpus 2014–2021 (8 700 millones), para el italiano; y, finalmente, ptTenTen (3 900 millones) y JSI Timestamped Portuguese corpus 2014–2021 (4 700 millones), para el portugués.

En lo que respecta a los somatismos objeto de estudio, nos encontramos aquí ante *variantes léxicas* (cfr. García-Page, 2008), denominadas asimismo como *variantes por relación paradigmática* (cfr. Koike, 2007), que, si bien presentan un significado denotativo análogo, poseen una distinta prosodia semántica, como nos permiten observar sus coapariciones en el corpus esTenTen desglosadas en Tabla 1. Para cada uno de los somatismos y sus concurrencias se ofrecen, por un lado, la *frecuencia absoluta*, es decir, el número total de veces que el somatismo coaparece con las distintas unidades léxicas (primera columna), y, por otro, la *frecuencia relativa*, esto es, el número de veces que coaparecen ambos elementos (somatismo + unidad léxica) en relación con el número total de veces que aparece el somatismo en el corpus (segunda columna). En negrita ofrecemos el mayor porcentaje de coaparición, en términos relativos, entre somatismo y unidad léxica para cada uno de los casos analizados

Tabla 1: Coapariciones de los somatismos objeto de estudio

	traer(se) entre manos **(5415 resultados, 0,28 por millón de tokens)**		***tener entre manos*** **(18713 resultados, 0,95 por millón de tokens)**		***llevar(se) entre manos*** **(1384 resultados, 0,07 por millón de tokens)**	
nada bueno	17	**0,31 %**	1	0,01 %	0	0 %
algo malo	4	**0,07 %**	0	0 %	0	0 %
tramar	5	**0,09 %**	2	0,01 %	0	0 %
malvado	5	**0,09 %**	2	0,01 %	0	0 %
bueno	3	0,06 %	134	0,72 %	11	**0,79 %**
magnífico	1	0,02 %	16	0,09 %	2	**0,14 %**
tarea	23	0,42 %	395	2,11 %	32	**2,31 %**
plan	71	**1,30 %**	181	0,96 %	6	0,43 %
asunto	151	2,80 %	278	1,49 %	59	**4,26 %**
proyecto	347	6,40 %	2093	11,18 %	163	**11,80 %**

Así, al contrastar las distintas concurrencias para los somatismos, comprobamos que *traer(se) entre manos* tiende a coaparecer, de forma preferente, con unidades léxicas de significado eminentemente negativo como *nada bueno* (0,31 % vs. 0,01 % para *tener entre manos* y 0 % para *llevar(se) entre manos*), *algo malo* (0,07 % vs. 0 % para ambos casos), *tramar* (0,09 % vs. 0.01 % y 0 %) o *malvado* (0,09 % vs. 0,01 % y 0 %). Por su parte, las unidades léxicas de connotación positiva suelen coaparecer, preferentemente, con *tener entre manos* y *llevar(se) entre manos*, como es el caso de *bueno* (0,06 % para *traer(se) entre manos* vs. 0,72 % para *tener entre manos* y 0,79 % para *llevar(se) entre manos*) o *magnífico* (0,02 % vs. 0,09 % y 0,14 %, respectivamente). Finalmente, en lo que respecta a los principales objetos que pueden complementar a las distintas variantes encontramos que *tarea* y *proyecto* suelen coaparecer, de forma predominante, con *tener entre manos* y *llevar(se) entre manos* (con unos porcentajes análogos: 2,11 % vs. 2,31 % y 11,18 % vs. 11,8 %, respectivamente); *asunto* tiende a complementar, de forma preferente, a *llevar(se) entre manos* (4,26 % vs. 2,8 % con *traer(se) entre manos* y 1,49 % con *tener entre manos*), y *plan*, a *traer(se) entre manos* (1,30 % vs. 0,96 % para *tener entre manos* y 0,43 % para *llevar(se) entre manos*). Si bien todos estos complementos poseen, *a priori*, un significado connotativo neutro, las concordancias analizadas en esTenTen nos permiten observar que *plan* es el complemento que coaparece en mayor medida con modificadores adjetivales de significado negativo (véase Tabla 2), lo que en parte explica su preferencia de coaparición con la variante *traer(se) entre manos*.

Tabla 2: Coaparición de modificadores adjetivales de significado negativo para *plan*, *proyecto*, *tarea* y *asunto*

	plan		*proyecto*		*tarea*		*asunto*	
malvado	1794	0,04 %	33	0,0003 %	4	0,0002 %	1	0,0001 %
maléfico	672	0,015 %	11	0,0001 %	2	0,00001 %	2	0,0001 %
maligno	406	0,09 %	19	0,0002 %	5	0,0002 %	2	0,0001 %

En este contexto, además de analizar la discontinuidad fraseológica, otro de los objetivos del presente estudio será examinar si los distintos sistemas TAN tienen en consideración la diferente prosodia semántica que presentan las variantes objeto de estudio y en qué medida, por ende, esta queda fielmente trasladada al texto meta.

3. Resultados

En este apartado, se analizarán y mostrarán los resultados en las dos etapas anteriormente descritas: primero, se medirá la precisión y exhaustividad de gApp para cada una de las expresiones pluriverbales objeto de estudio para, a continuación, evaluar en qué medida gApp puede mejorar el rendimiento de

ModernMT, DeepL y Google Translate ante el desafío de la discontinuidad fraseológica en las direccionalidades ES>EN/DE/FR/IT/PT.

En el caso de *traer(se) entre manos*, gApp convirtió de forma automática 53 casos, de los cuales 50 eran verdaderos positivos y 3, falsos positivos. De esta manera, gApp alcanzó un 94,3 % de precisión (50/53 casos) y un 100 % de exhaustividad (50/50 casos). A este respecto, en Figuras 1, 2 y 3 se muestran los resultados para ModernMT, DeepL y Google Translate antes y después de la conversión automática con gApp, respectivamente. Se observa que DeepL es el sistema TAN que ofrece mejores resultados —tanto en la forma discontinua (80,4 % de media a lo largo de las direccionalidades) como continua (86,4 % de media)—, seguido por Google Translate (70,8 % en discontinua y 79,2 % en continua) y finalmente ModernMT (42 % en discontinua y 53,2 % en continua). En cuanto a las direccionalidades, se obtienen unos resultados similares, con una mejora ligeramente superior para inglés, francés y alemán en ModernMT y Google Translate. Finalmente, es necesario reseñar que, al haber obtenido un 100 % de exhaustividad, gApp ha alcanzado unos resultados idénticos a los de la conversión manual. Mostramos, a continuación, los resultados de ModernMT para el somatismo *traer(se) entre manos* (Figura 1).

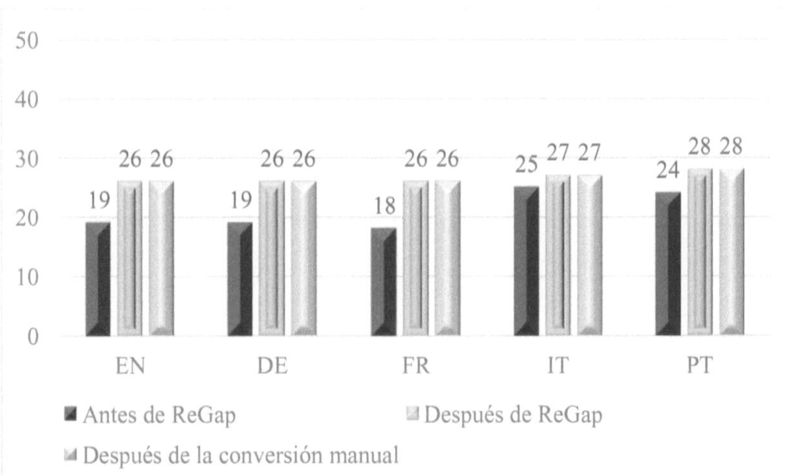

Figura 1: Resultados de ModernMT para *traer(se) entre manos*.

En Figura 2 se presentan los resultados de *traer(se) entre manos* para DeepL.

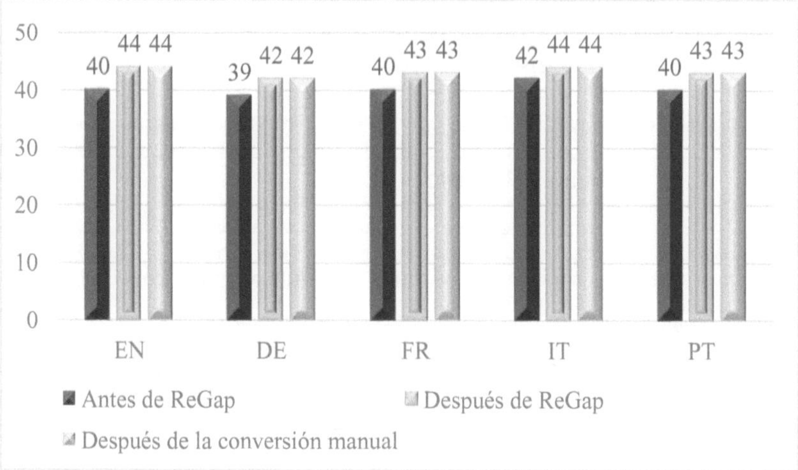

Figura 2: Resultados de DeepL para *traer(se) entre manos.*

Finalmente, en Figura 3, pueden observarse los resultados de Google Translate para *traer(se) entre manos.*

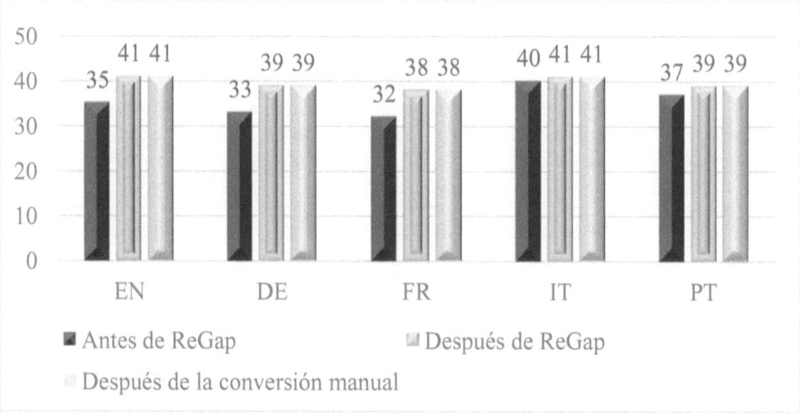

Figura 3: Resultados de Google Translate para *traer(se) entre manos.*

A fin de ilustrar el cambio antes y después de gApp, en Tablas 3 y 4, es posible observar un ejemplo de la mejora que supone este sistema para *traer(se) entre manos* (con subrayado para el somatismo y negrita para toda la secuencia) a lo largo de los distintos sistemas TAN y de las diferentes direccionalidades.

Tabla 3: Fragmentos KWIC del TO con *traer(se) entre manos* antes y después de gApp

	Fragmentos KWIC
TO [ES] Forma discontinua (versión original, antes de gApp)	A partir de ahora… al baul, con palomitas u_u Clhoe, aparte de mirarte mal por dejarnos así sabiendo lo malo que es uno y sin saber que **se trae la otra entre manos** … ¡chapeau! diálogos,tempo… maravilloso.
TO [ES] Forma continua (después de gApp)	A partir de ahora… al baul, con palomitas u_u Clhoe, aparte de mirarte mal por dejarnos así sabiendo lo malo que es uno y sin saber que **se trae entre manos la otra**… ¡chapeau! diálogos,tempo… maravilloso.

Tabla 4: Resultados de los sistemas TAN antes y después de la conversión del somatismo del TO *traer(se) entre manos* con gApp

	ModernNMT	**DeepL**	**Google Translate**
TM [EN] Forma discontinua (antes de gApp)	[…] knowing how bad one is and not knowing what **the other one is in his hands** … […][1]	[…] leaving us like this knowing how bad one is and not knowing what **the other one is up to**… […]	[…] leaving us like this knowing how bad one is and without knowing what **the other is in your hands** … […]
TM [EN] Forma continua (después de gApp)	[…] leaving us like this knowing how bad one is and not knowing what **the other is up to**… […]	[…] leaving us like this, knowing how bad one is and not knowing what **the other one is up to**… […]	[…] leaving us like this knowing how bad one is and without knowing what **the other is up to**… […]
TM [DE] Forma discontinua (antes de gApp)	[…] weil du uns so verlassen hast, weil du wusstest, wie schlecht das eine ist, und nicht weißt, was **das andere in seinen Händen ist…** […]	[…] weil du uns so verlassen hast, weil du weißt, wie schlecht der eine ist und nicht weißt, was **der andere macht…** […]	[…] weil du uns so verlassen hast, wissend, wie schlecht der eine ist und ohne zu wissen, was **der andere in deinen Händen hält** … […]

[1] Si bien el texto origen ha sido traducido al completo, por motivos de espacio, en los diferentes textos meta aquí presentados únicamente mostramos el fragmento KWIC con la traducción del somatismo tanto en forma discontinua como continua.

	ModernNMT	DeepL	Google Translate
TM [DE] Forma continua (después de gApp)	[…] dass du uns so schlecht angesehen hast, weil wir wussten, wie schlecht das eine ist, und nicht wussten, was **das andere** <u>vorhat</u>… […]	[…] dass ich dich böse anschaue, weil du uns so verlassen hast, weil ich weiß, wie schlecht der eine ist und nicht weiß, was **der andere** <u>macht</u>… […]	[…] dass du dich schlecht angesehen hast, weil du uns so verlassen hast, wissend, wie schlecht der eine ist und ohne zu wissen, was **der andere** <u>vorhat</u>… […]
TM [FR] Forma discontinua (antes de gApp)	[…] nous avoir laissé comme ça sachant à quel point on est mauvais et ne sachant pas ce que **l'autre** <u>est entre ses mains</u> […]	[…] nous laisser comme ça en sachant comment l'un est mauvais et ne pas savoir ce que **l'autre** <u>fait</u>… […]	[…] nous laisser comme ça en sachant à quel point l'un est mauvais et sans savoir ce que l'autre <u>est entre tes mains</u>… […]
TM [FR] Forma continua (después de gApp)	[…] nous avoir laissé comme ça sachant à quel point l'un est mauvais et ne sachant pas ce que **l'autre est** <u>en train de faire</u>… […]	[…] nous avoir laissé comme ça, sachant combien l'un est mauvais et ne sachant pas ce que **l' autre** <u>fait</u>… […]	[…] nous laisser comme ça en sachant à quel point l'un est mauvais et sans savoir ce que **l'autre** <u>mijote</u>… […]
TM [IT] Forma discontinua (antes de gApp)	[…] averci lasciato così sapendo quanto uno è cattivo e non sapendo cosa **sia l'altro** <u>nelle sue mani</u> … […]	[…] averci lasciato così sapendo quanto è cattivo uno e non sapendo cosa <u>combina</u> **l'altro**… […]	[…] averci lasciato così sapendo quanto è brutta l'una e senza sapere cosa <u>c'è nelle tue mani</u> **l'altra**… […]
TM [IT] Forma continua (después de gApp)	[…] averci lasciato così sapendo quanto è brutto l'uno e non sapendo cosa <u>fa</u> **l'altro**… […]	[…] averci lasciato così, sapendo quanto è cattivo uno e non sapendo cosa <u>fa</u> **l'altro**… […]	[…]averci lasciato così sapendo quanto è cattivo l'uno e senza sapere cosa <u>fa</u> **l'altro**… […]
TM [PT] Forma discontinua (antes de gApp)	[…] nos deixar assim sabendo o quão ruim é um e não saber o que **o outro** <u>está em suas mãos</u>… […]	[…] nos deixar assim, sabendo o quão mau é um e não saber o que **o outro** <u>anda a tramar</u>… […]	[…] nos deixar assim sabendo o quão ruim um é e sem saber o que **o outro** <u>está em suas mãos</u> … […]
TM [PT] Forma continua (después de gApp)	[…] nos deixar assim sabendo o quão ruim um é e não saber o que **o outro** <u>está fazendo</u>… […]	[…] nos deixar assim, sabendo o quão mau é um e não saber o que **o outro** <u>anda a tramar</u>… […]	[…] ter nos deixado assim sabendo o quão ruim um é e sem saber o que **o outro** <u>está fazendo</u> … […]

Los ejemplos en Tabla 4 muestran textos meta (TM) diferentes antes y después de la conversión automática con gApp del somatismo del texto origen (TO) para todas las direccionalidades (ES>EN/DE/FR/IT/PT). En el escenario de discontinuidad fraseológica, *traer(se) entre manos* ha sido traducido como *to be in someone's hands* en inglés tanto con ModernMT como con Google Translate, una expresión pluriverbal con el significado de 'controlled or owned by someone' (CD, 2020) y, por tanto, no equivalente a la expresión del TO en español. Los textos meta resultantes tampoco ofrecen traducciones comprensibles: *not knowing what* ***the other one is in his hands*** (ModernMT) y *without knowing what* ***the other is in your hands*** (Google Translate). El mismo problema lo encontramos en las traducciones al resto de lenguas, con estructuras calcadas a la formulación inglesa. Tras emplear gApp, ya sí se obtiene un equivalente adecuado en inglés, esto es, la expresión *to be up to* ('occupied or busy with [something]', LEX, 2020): *not knowing what* ***the other is up to****...* (ModernMT) o *without knowing what* ***the other is up to****...* (Google Translate). Esta mejora queda asimismo reflejada en las restantes lenguas, con propuestas como *vorhaben* ('planear') para el alemán, *fare* ('hacer') para el italiano, *fazer* ('hacer') para el portugués, o *faire* ('hacer') y *mijoter* ('tramar') para el francés. En lo que respecta a DeepL, ha ofrecido equivalentes adecuados en las distintas lenguas tanto en la forma continua como en la discontinua de la expresión del TO en español.

En cuanto a la expresión *tener entre manos* (Figuras 4, 5 y 6), gApp convirtió de forma automática 53 casos, de los cuales 50 eran verdaderos positivos y 3, falsos positivos. Así, la precisión de gApp alcanzó un 94,3 % (50/53 casos) y la exhaustividad, un 100 % (50/50 casos). Al igual que con el somatismo anterior, el 100 % de exhaustividad ha permitido nuevamente a gApp alcanzar unos resultados análogos a los de la conversión manual. En lo que concierne a los sistemas TAN, de nuevo DeepL ha sido el que mejor rendimiento ha ofrecido tanto en el escenario discontinuo (64,8 %) como en el continuo (68,8 %), seguido por Google Translate (66,4 % para el discontinuo y 72 % para el continuo) y ModernMT (64,8 % para el discontinuo y 68,8 % para el continuo). Finalmente, en cuanto a la lengua meta, pueden observarse unos resultados análogos a excepción del alemán, para el cual el rendimiento de los distintos sistemas TAN ha empeorado drásticamente al compararlo, por ejemplo, con el inglés (-68 % en la forma discontinua y -72 % en la continua con ModernMT; -32 % y -24 %, respectivamente, con DeepL, y -72 % y -76 % con Google

Translate). Examinaremos las posibles causas de este descenso en el apartado 4 «Análisis de resultados». Mostramos, a continuación, los resultados de ModernMT para el somatismo *tener entre manos* en Figura 4.

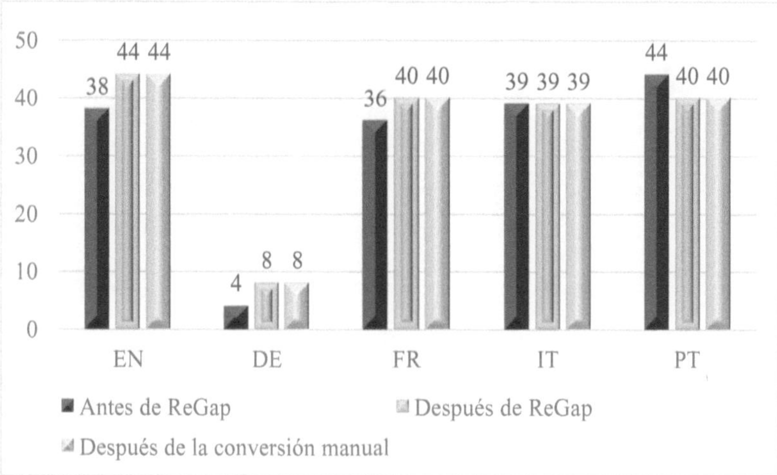

Figura 4: Resultados de ModernMT para *tener entre manos*.

En Figura 5 se presentan los resultados de *tener entre manos* para DeepL.

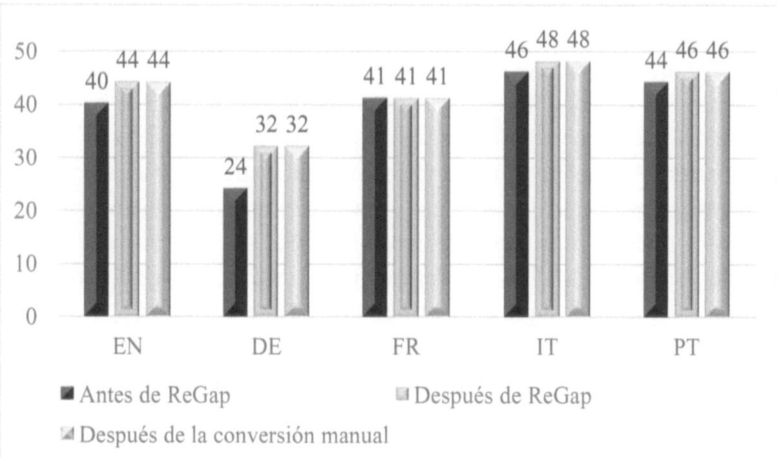

Figura 5: Resultados de DeepL para *tener entre manos*.

Finalmente, en Figura 6, pueden observarse los resultados de Google Translate para *tener entre manos*.

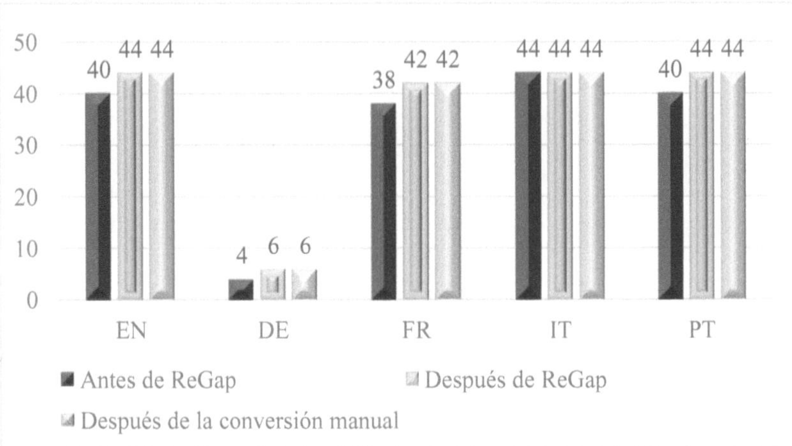

Figura 6: Resultados de Google Translate para *tener entre manos*.

En lo que respecta al somatismo *llevar(se) entre manos* (Figuras 7, 8 y 9), gApp convirtió de forma automática 51 casos, de los cuales 49 eran verdaderos positivos y 2, falsos positivos. De esta manera, gApp alcanzó un 96,1 % de precisión (49/51 casos) y un 98 % de exhaustividad (49/50 casos). Esta ligera disminución en la exhaustividad de gApp con respecto a los anteriores somatismos sí provocó un mínimo empeoramiento (-2 %) de la conversión automática con respecto a la manual solamente para DeepL (para el resto de sistemas TAN, gApp iguala a la conversión manual). En cuanto al rendimiento, en este caso fue Google Translate el que ofreció unos mejores resultados (53,6 % en la forma discontinua y 59,2 % en la forma continua), seguido por DeepL (47,2 % en la forma discontinua y 54,4 % en la continua) y ModernMT (34,4 % en la discontinua y 41,6 % en la continua). En el caso de *llevar(se) entre manos* sí observamos aquí una mayor homogeneidad a lo largo de las distintas direccionalidades a diferencia del somatismo *tener entre manos*. Mostramos, a continuación, los resultados de ModernMT para el somatismo *llevar(se) entre manos* en Figura 7.

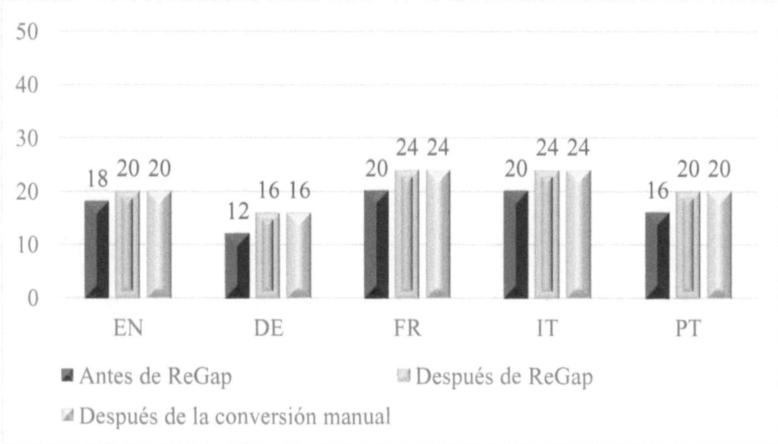

Figura 7: Resultados de ModernMT para *llevar(se) entre manos*.

En Figura 8 se presentan los resultados de *llevar(se) entre manos* para DeepL.

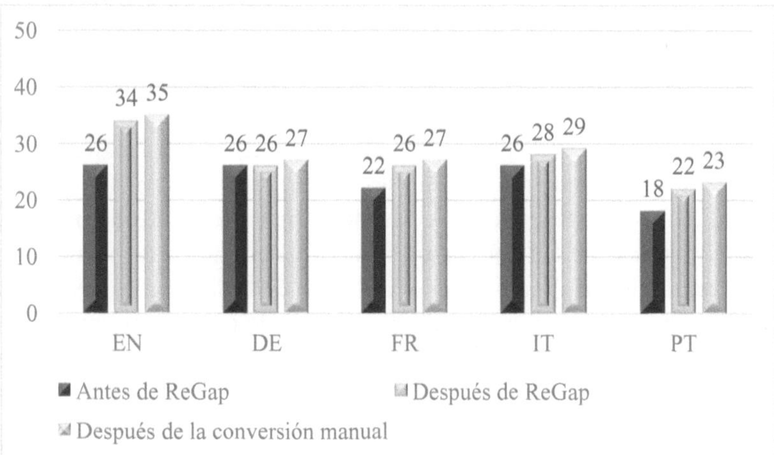

Figura 8: Resultados de DeepL para *llevar(se) entre manos*.

Finalmente, en Figura 9, pueden observarse los resultados de Google Translate para *llevar(se) entre manos*.

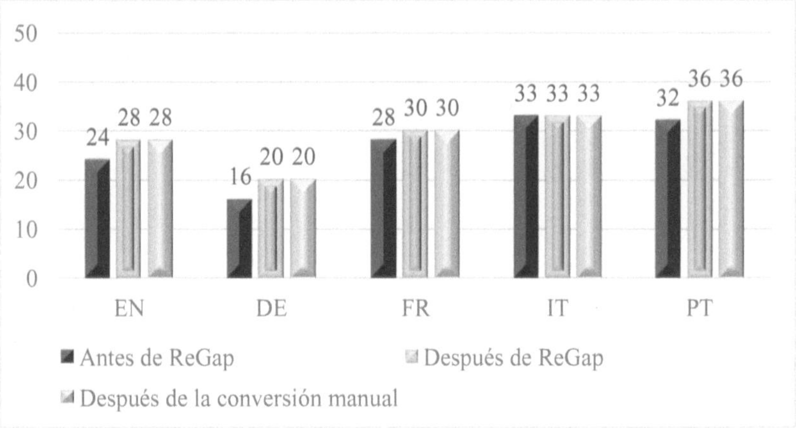

Figura 9: Resultados de Google Translate para *llevar(se) entre manos*.

4. Análisis de resultados

Los resultados globales con ModernMT, DeepL y Google Translate muestran que gApp ha sido capaz de alcanzar un rendimiento cuasianálogo al de la conversión manual para las expresiones objeto de estudio. Todo ello se debe al refinado sistema de detección de gApp en términos de precisión (94,9 %) y exhaustividad (99,3 %) medias, lo que significa que solo un 5,1 % de los resultados irrelevantes pudo infiltrarse en el sistema (es decir, solo ese porcentaje fue convertido erróneamente, dado que no eran resultados relevantes) y se dejó de detectar apenas un 0,7 % del total de resultados relevantes.

Asimismo, los resultados globales también permiten observar que este sistema ha proporcionado una mejora considerable en la traducción de somatismos en términos relativos, es decir, al comparar la forma discontinua frente a la continua tras la conversión automática de la expresión pluriverbal, como podemos observar en Tabla 5.

Tabla 5: Resultados globales con la mejora de gApp para las distintas lenguas y sistemas TAN

	EN	DE	FR	IT	PT	Media
ModernMT	10 %	10 %	10,7 %	4 %	2,7 %	7,5 %
DeepL	10,7 %	7,3 %	4,7 %	4 %	6 %	6,5 %
GT	9,3 %	8 %	8 %	0,7 %	6,7 %	6.5 %
Total	10 %	8,4 %	7,8 %	2,9 %	5,1 %	6,8 %

No obstante, en términos absolutos, aún se está lejos de alcanzar un rendimiento perfecto por parte de los distintos sistemas TAN, dado que, pese a la conversión con gApp, ModernMT únicamente pudo alcanzar un porcentaje de acierto medio del 54,5 % (81,8 de los 150 casos totales, de media); DeepL, del 75,2 % (112,8 de los 150 casos totales) y Google Translate, del 70,1 % (105,2 de 150).

En Tabla 5 también podemos ver cómo, al igual que en anteriores estudios (Hidalgo-Ternero, 2021; Hidalgo-Pastor y Corpas, 2024), hacia el inglés se observa, de forma general, una mejora más destacada con respecto al resto de lenguas. Esto se debe a que, como podremos examinar más adelante, es el inglés la lengua para la que se dispone de una mayor cantidad de datos de entrenamiento TAN para las distintas direccionalidades lo que a su vez provoca que esta influya enormemente incluso en combinaciones de lenguas tan afines como ES>IT o ES>PT. Por su parte, la escasa mejora hacia estas dos lenguas (IT y PT) se debe principalmente a que ambas cuentan con expresiones con base figurativa y contenido semántico similares a la de los somatismos en español (*avere tra le mani*, para el italiano, y *tener em mãos* o *ter entre mãos*, para el portugués), que podían asimismo sufrir discontinuidad y que, por todo ello, constituyen *equivalentes totales* que pueden ser traducidos directamente mediante la técnica de transferencia denominada *sustitución* (Corpas Pastor, 2003, p. 206). Esto nos hace discernir que gApp será de mayor utilidad potencial para combinaciones entre lenguas con mayores diferencias entre sus acervos fraseológicos, como es el caso de ES>EN o ES>DE. Finalmente, en lo que respecta a los sistemas TAN, se observa que para ModernMT se ha obtenido, de media, una mejora más destacada que para DeepL o Google Translate (7,5 % vs. 6,5 %). Ello se debe principalmente a que ModernMT ha mostrado, de media, un rendimiento menor para las formas discontinuas de los somatismos (-21,6 % en comparación con DeepL y -16,5 % en contraste con Google Translate), de ahí que este sistema ofrezca un mayor margen de mejora. En términos absolutos ya hemos podido comprobar cómo DeepL ha sido el sistema que, con diferencia, ha ofrecido mejor rendimiento (75,2 % vs. 54,5 % con ModernMT y 70,1 % con Google Translate).

Por su parte, los somatismos que han presentado, en general, mayores dificultades para los sistemas TAN han sido *tener entre manos*, sobre todo en la direccionalidad ES>DE, y, especialmente, *llevar(se) entre manos*, en todas las direccionalidades, como puede observarse en Tabla 6.

Tabla 6: Resultados globales de los distintos somatismos en forma discontinua y continua

	traer(se) entre manos		*tener entre manos*		*llevar(se) entre manos*	
	Disc.	**Cont.**	**Disc.**	**Cont.**	**Disc.**	**Cont.**
ModernMT	42 %	53,2 %	64,8 %	68,8 %	34,4 %	41,6 %
DeepL	80,4 %	86,4 %	78,4 %	84,8 %	47,2 %	54,4 %
Google Translate	70,8 %	79,2 %	66,4 %	72 %	53,6 %	59,2 %

Las razones para este descenso en el rendimiento de los sistemas TAN son diversas. En primer lugar, para *tener entre manos* en el texto meta en alemán se tendía a ofrecer la expresión *etwas in der Hand haben*, que sería un *equivalente aparente* (cfr. Corpas Pastor, 2003, p. 206) de la expresión en lengua origen, y, por tanto, un equivalente textual inadecuado, dado que únicamente cuenta con estas dos acepciones:

> *etwas in der Hand haben* (1. etwas [worauf man sich stützen kann, was einem eine Handhabe bietet] haben: er hat Dokumente in der Hand, mit denen er sie erpressen kann. 2. Entscheidungsgewalt über etwas besitzen: er hatte es in der Hand, den Dieb anzuzeigen.) (DR, s. f.)[2]

[2] *etwas in der Hand haben* (1. Tener algo [en lo que apoyarse o a lo que poder recurrir]: er hat Dokumente in der Hand, mit denen er sie erpressen kann ['Tenía acceso a documentos con los que poder hacerle chantaje']. 2. Tener poder de decisión sobre algo: er hatte es in der Hand, den Dieb anzuzeigen. ['Tenía en sus manos la posibilidad de denunciar el robo']. (La traducción es nuestra)

En portugués, por su parte, existen dos somatismos con significado análogo a *tener entre manos*: *ter em mãos* (15594 concordancias, 3,37 por millón de tokens en ptTenTen) y *ter entre mãos* (479 concordancias, 0,1 por millón de tokens en ptTenTen). Estas secuencias eran las que solían aparecer en los textos meta en portugués como traducción de *tener entre manos*, a excepción de cuatro casos con ModernMT, en los que la conversión automática con gApp generó en el TM secuencias como *ter sobre as suas mãos*, la cual carece de un significado figurativo análogo al de la expresión del texto origen y, por tanto, no constituye un equivalente adecuado para el TM. Una posible explicación de la aparición de la secuencia no fraseológica *ter sobre as suas mãos* en el TM portugués puede deberse a la influencia de la expresión inglesa *to have something on someone's hands* ('used to indicate that someone is responsible for dealing with someone or something', LEX, 2020) que en esos cuatro casos de forma continua aparecía en la direccionalidad ES>EN. Todo ello hace que *tener entre manos* en la direccionalidad ES>PT con ModernMT haya sido el único caso analizado en el que la conversión automática hacia la forma continua ha obtenido peores resultados que la forma discontinua original (80 % vs. 88 %, respectivamente).

Por otra parte, en el caso de *llevar(se) entre manos* se han detectado, especialmente, dos principales errores en el TM: bien era traducido por una secuencia literal carente de significado figurativo en la lengua meta (por ejemplo, *to bring/carry something on someone's hands*) bien era traducido por unidades léxicas con una prosodia semántica eminentemente negativa como *etwas in Schilde führen* en alemán, *mijoter* o *manigancer* en francés, *tramare* en italiano o *tramar* en portugués, todas ellas con un significado análogo a *traer(se) [algo malo] entre manos*, el cual, como vimos en Tabla 1, sí posee una prosodia semántica negativa. Esta confusión de interpretar *llevar(se) entre manos* como *traer(se) entre manos* podría deberse, por un lado, a la mayor frecuencia de uso de la segunda expresión con respecto a la primera (0,07 vs. 0,28 por millón de tokens en esTenTen), así como, por otro, a la tendencia observada de traducir indistintamente tanto *llevar(se) entre manos* como *traer(se) entre manos* hacia *to be up to* en inglés (con prosodia semántica, *a priori*, neutra) y esta expresión, a su vez, ser preferentemente traducida por *etwas in Schilde führen* (DE), *mijoter* o *manigancer* (FR), *tramare* (IT) o *tramar* (PT) (con una prosodia semántica marcadamente negativa).

Esta influencia del inglés hacia las restantes lenguas meta la observamos asimismo en el ejemplo analizado en Tabla 4. Aquí, en lo que respecta a la unidad que provocaba la discontinuidad de la secuencia (*la otra*), es necesario reseñar cómo, a pesar de ser de género femenino en español, ha sido traducida mayoritariamente al masculino (en alemán en 4 de los 6 casos, en italiano en 5 de 6 y en portugués en todos) o al neutro (en alemán en 2 de los 6 casos). En francés, por su parte, no es posible discernir hacia qué género ha traducido, dado que la forma *l'autre* es idéntica para ambos. Como indicamos en anteriores estudios (Hidalgo-Ternero, 2021 e Hidalgo-Ternero y Corpas Pastor, 2024), estos errores de traducción se deben principalmente al influjo del inglés (y, en este caso, la ausencia de marca de género en el pronombre *the other*), lo que nuevamente pone de relieve la necesidad de aumentar los datos de entrenamiento entre otras combinaciones lingüísticas distintas del inglés, a fin de evitar este *anglocentrismo* en los resultados de la TAN.

5. Conclusiones

El sistema gApp ha demostrado seguir teniendo un impacto decisivo en la calidad de la traducción automática neuronal de las expresiones pluriverbales, ahora para nuevos sistemas TAN y direccionalidades de traducción adicionales, con una mejora media en el rendimiento de ModernMT en un 7,5 %, y de DeepL y Google Translate en un 6,5 %, es decir, una mejora global de 6,8 % a lo largo de los distintos sistemas TAN y las cinco diferentes combinaciones lingüísticas. Estos prometedores resultados con somatismos de estructura V+SP en lengua española invitan a continuar desarrollando el sistema de detección y conversión automáticas de gApp con el objetivo de comprobar su eficacia en otras direccionalidades, con otros sistemas TAN, así como con otra tipología de expresiones pluriverbales tanto en lo referente a su base léxica (cromatismos, zoologismos, naturismos…) como a la categoría gramatical de sus elementos constituyentes (construcciones nominales, adjetivales, adverbiales, etc.).

Asimismo, el presente trabajo puede constituir la base de ulteriores estudios que analicen la escalabilidad de este sistema para otras tareas de Procesamiento de Lenguaje Natural (PLN), como, por ejemplo, la recuperación de información, el resumen automático de textos, o el análisis de sentimiento, entre otras, en cuyo rendimiento puede desempeñar un papel decisivo el correcto preprocesamiento de las expresiones pluriverbales discontinuas.

Agradecimientos

La presente investigación se ha llevado a cabo en el marco de distintos proyectos de investigación en tecnologías de la lengua aplicadas a la traducción e interpretación (Ref. PID2024-160929OB-I00, PID2020-112818GB-I00, ProyExcel_00540 y UMA18-FEDERJA-067). Asimismo, ha sido subvencionada por el Ministerio de Ciencia, Innovación y Universidades (FPU16/02032).

Bibliografía

Belinkov, Y. y Bisk, Y. (2018). Synthetic and natural noise both break neural machine translation. *ArXiv*. Recuperado de https://arxiv.org/abs/1711.02173

CD - Cambridge University Press (2020). *In the hands of (someone)*. En *Cambridge dictionary*. Recuperado de https://dictionary.cambridge.org/es/diccionario/ingles/in-the-hands-of-someone

Corpas Pastor, G. (2003). *Diez años de investigación en fraseología: análisis sintáctico-semánticos, contrastivos y traductológicos*. Madrid: Vervuert.

Corpas Pastor, G. (2013). Detección, descripción y contraste de las unidades fraseológicas mediante tecnologías lingüísticas. En I. Olza y E. Manero (Eds.), *Fraseopragmática* (pp. 335–373). Berlín: Frank & Timme (Colección Romanistik).

DR - Dudenredaktion (s. f.). *etwas in der Hand haben*. En Duden online. Recuperado de https://www.duden.de/rechtschreibung/Hand

García-Page, M. (2008). *Introducción a la fraseología española*. Barcelona: Anthropos.

Hidalgo-Ternero, C. M. (2020). Google Translate vs. DeepL: analysing neural machine translation performance under the challenge of phraseological variation. En P. Mogorrón Huerta (Ed.), *Análisis multidisciplinar del fenómeno de la variación en traducción e interpretación/Multidisciplinary Analysis of the Phenomenon of Phraseological Variation in Translation and Interpreting. MonTI Special Issue, 6*, 154–177.

Hidalgo-Ternero, C. M. (2021). El algoritmo ReGap para la mejora de la traducción automática neuronal de expresiones pluriverbales discontinuas (FR>EN/ES). En G. Corpas Pastor, M. R. Bautista Zambrana y

C. M. Hidalgo-Ternero (Eds.), *Sistemas fraseológicos en contraste: enfoques computacionales y de corpus* (pp. 253–270). Granada: Comares.

Hidalgo-Ternero, C. M. y Corpas Pastor, G. (2020). Bridging the 'gApp': improving neural machine translation systems for multiword expression detection. *Yearbook of Phraseology, 11*, 61–80.

Hidalgo-Ternero C. M. y Corpas Pastor, G. (2024). ReGap: a text preprocessing algorithm to enhance MWE-aware neural machine translation systems. En J. Monti, R. Mitkov, y G. Corpas Pastor (Eds.), *Recent Advances in MWU in Machine Translation and Translation technology*. Ámsterdam: John Benjamins.

Kilgarriff, A., Baisa, V., Bušta, J., Jakubíček, M., Kovvář, V., Michelfeit, J., Rychlý, P. y Suchomel, V. (2003). *The Sketch Engine*. Recuperado de https://www.sketchengine.eu

Koike, K. (2007). Relaciones paradigmáticas y sintagmáticas de las locuciones verbales en español. En J. Cuartero Otal y M. Emsel (Eds.), *Vernetzungen Bedeutung in Wort, Satz und Text. Festschrift für Gerd Wotjak zum 65. Geburtstag* (pp. 263–275). Fráncfort del Meno: Peter Lang.

Mellado Blanco, C. (2004). *Fraseologismos somáticos del alemán*. Fráncfort del Meno: Peter Lang.

LEX - Oxford University Press. (2020). *(to be) up to*. En *Lexico.com*. Recuperado de https://www.lexico.com/en/definition/up_to

Ramisch, C. y Villavicencio, A. (2018). Computational treatment of multiword expressions. En R. Mitkov (Ed.), *Oxford Handbook of Computational Linguistics* (2nd ed.) (649–678). Oxford: Oxford University Press.

Rikters, M. y Bojar, O. (2017). Paying attention to multi-word expressions in neural machine translation. *ArXiv*. Recuperado de https://arxiv.org/pdf/1710.06313.pdf

Rohanian, O., Taslimipoor, S., Kouchaki, S., An Ha, L. y Mitkov, R. (2019). Bridging the Gap: Attending to Discontinuity in Identification of Multiword Expressions. *Proceedings of the 2019 Conference of the North American Chapter of the Association for Computational Linguistics: Human Language Technologies, 1*, 2692–2698.

DFDEA - Seco, M., Andrés, O. y Ramos, G. (2017). *traer|tener|llevar entre manos*. En *Diccionario fraseológico documentado del español actual, locuciones y modismos españoles (2ª edición)*. Madrid: Aguilar.

Sperber, M., Niehues, J. y Waibel, A. (2017). Toward robust neural machine translation for noisy input sequences. *International Workshop on Spoken Language Translation (IWSLT)*. Recuperado de https://pdfs.semanticscholar.org/88ed/f12127a628bed608cae0bdf3700d00824df4.pdf

Wang, X., Tu, Z., Xiong, D. y Zhang, M. (2017). Translating phrases in neural machine translation. *EMNLP 2017*, 1421–1431.

Zaninello, A. y Birch, A. (2020). Multiword expression aware neural machine translation. *Proceedings of the 12th Conference on Language Resources and Evaluation (LREC 2020)*, 3816–3825.

Problemas de traducción del texto técnico alemán-español: comparativa de errores humanos y de la traducción automática

*María Pilar Castillo Bernal**

RESUMEN

El presente trabajo tiene por objeto detectar problemas de traducción de textos técnicos en la combinación alemán-español, tanto desde la perspectiva de la traducción humana como de la traducción automática neuronal (TAN) y la posedición. Los objetivos que se persiguen son: profundizar y contextualizar la investigación en torno a los problemas de traducción del lenguaje técnico en alemán, explorar los errores en el marco de la traducción profesional y comprobar si los resultados de la traducción automática arrojan errores equivalentes u otro tipo de errores, en concreto en el campo de especialidad de la tecnología nuclear. Para ello, se ha compilado un corpus paralelo de textos especializados traducidos con anterioridad a la introducción de la traducción automática neuronal y revisados por traductores profesionales. Los errores detectados se han analizado y clasificado siguiendo un baremo de elaboración propia para el género textual específico. A continuación, se ha realizado una traducción automática de los fragmentos problemáticos con el motor DeepL; asimismo, se han clasificado los errores detectados de cara a elaborar una comparativa. Con esta investigación esperamos contribuir al estado de la cuestión de las posibilidades de aplicación de la NMT a entornos de traducción altamente especializados, al tiempo que profundizamos en la caracterización del lenguaje y los géneros textuales técnicos tanto en alemán como en español.

Palabras clave: texto técnico, alemán, problema de traducción, error de traducción, traducción automática

ABSTRACT

This research aims to detect translation problems in technical texts translated from German into Spanish, both in purely human translation and in neural machine translation (NMT) and post-editing. The specific goals are to advance and contextualise current research on translation problems for German technical language, to investigate errors in the framework of professional translation and to ascertain whether the results of MT show similar errors or other error types, more specifically in the field of nuclear technology. For this, a parallel corpus has been compiled with specialised texts translated prior to the introduction of NMT and revised by professional translators. The errors detected are analysed and classified following our own categories designed ad hoc for this particular text genre. Subsequently, a machine translation of the problematic fragments was generated with the machine translation system DeepL and its errors were similarly classified for comparison. The purpose of this work is to contribute to current knowledge on the possibilities of application of NMT in highly specialised professional

* Departamento de Ciencias Sociales, Filosofía, Geografía, y Traducción e Interpretación, Universidad de Córdoba, pilar.castillo.bernal@uco.es

translation environments, while advancing the characterization of technical language and text genres in German and Spanish.

Keywords: technical text, German, translation problem, translation error, machine translation

1. Introducción

Los avances desde la introducción de la TAN (traducción automática neuronal) en torno a 2017 han hecho que proliferen tanto la aplicación de estos sistemas en la traducción profesional como los estudios académicos sobre su calidad, limitaciones e incorporación a los flujos de trabajo de traductores y clientes. El presente trabajo se enmarca en las investigaciones en torno a la calidad de la TA y, más concretamente, en la comparación entre los errores generados por esta y los cometidos por traductores humanos durante su labor profesional. Para ello, nos basamos en un corpus de traducciones reales del ámbito de la tecnología nuclear producidas y revisadas en un entorno profesional antes de la introducción de la TAN. De esta forma, garantizamos que los textos analizados han sido producidos en condiciones reales y validados en el marco de un sistema de garantía de calidad aceptable para el cliente. Esta investigación da continuidad a un estudio anterior (Castillo, 2021) sobre la posible aplicación de la TA a los flujos de traducción profesional en entornos altamente especializados, cuyas conclusiones indican que existen importantes limitaciones en la calidad de los textos producidos con TAN para la función deseada. A continuación, examinaremos brevemente los antecedentes investigadores en este ámbito antes de exponer los objetivos y el diseño de nuestro propio estudio.

1.1. Estado de la cuestión: evaluación de errores en TA

Gran parte de la evaluación de la calidad de la traducción automática se ha centrado en la comparación entre distintos sistemas de TA, como el estudio de Carl y Toledo (2019) o el de Castilho *et al.* (2017). Por otro lado, se encuentran las investigaciones comparativas entre traductores humanos y traductores automáticos. En este último grupo se cuentan trabajos como el de Briva-Iglesias (2021). Tanto este como Yamada (2019) llevan a cabo estudios empíricos con estudiantes de traducción. A su vez, Läubli *et al.* (2020) proponen una serie de recomendaciones para evaluar la paridad humano-máquina en traducción interlingüística. Uno de los resultados recurrentes en estos estudios es que la TAN ofrece traducciones de calidad superior y produce errores más similares a los que cometería un traductor humano que otros sistemas, por lo que los errores son más difíciles de detectar al poseditar las traducciones (Yamada, 2019, pág. 87). La calidad de la TAN puede incluso ser superior a la de una traducción humana, por ejemplo, la realizada por estudiantes de último curso de traducción según detectó Briva-Iglesias (2021, pág. 588); no obstante, el autor advierte que los errores siguen siendo graves y requieren una cuidadosa revisión humana.

De cara a evaluar la calidad de la TA, es fundamental seleccionar qué sistema se seguirá para establecer y clasificar los errores. Por un lado, existen sistemas de métricas automáticas que comparan las TA con una traducción de referencia, midiendo el número de inserciones, eliminaciones y sustituciones necesarias para mejorar la traducción; algunos ejemplos de estas métricas son METEOR, NIST, hLEPOR, TER, BLEU, BERTScore, PRISM y COMET. Aunque son de uso habitual tanto en trabajos académicos como en la industria —por ejemplo, en el informe sobre el estado de la traducción automática de 2021 (Intento, 2021)— muchos investigadores prefieren los métodos de evaluación humana (Moorkens *et al.*, 2018). Uno de los más populares y sancionados por la industria es el TAUS Dynamic Quality Framework (DQF), que estableció una tipología de errores y una plantilla de revisión (disponible en TAUS, 2015) en el marco del proyecto QT21, así como una guía para su uso (Soloviev, 2017). Con este sistema se asigna el tipo de error (de lengua, terminología, precisión o estilo) y su gravedad (crítico, grave, leve, neutral), y también es posible ponderar estas categorías. Briva-Iglesias aplica este sistema, así como las recomendaciones de Läubli *et al.* (2020), a la evaluación de traducciones realizadas por estudiantes. Briva-Iglesias destaca que se ha de penalizar el error en una traducción automática según el número de palabras que tenga y según su propósito sea de asimilación (en cuyo caso basta con que sea inteligible) o de difusión y publicación (*ibid.*, 2021, pág. 583).

Por su parte, Läubli *et al.* (2020, pág. 654) advierten de que los sistemas de evaluación humana pueden producir resultados sesgados, incluso cuando se aplican supuestas buenas prácticas del sector, como el protocolo de evaluación de la World Machine Translation Conference (WMT), debido a factores como la elección de los evaluadores (a menudo no expertos en idiomas o en el género textual en cuestión), el contexto lingüístico (evaluación de frases aisladas en lugar de textos completos) o la selección del texto de referencia con el que se compara la TA. Por ello, establecen las siguientes recomendaciones para la evaluación de la TA: que los evaluadores sean traductores profesionales; evaluar documentos y no oraciones; evaluar la fluidez además de la adecuación; no editar la traducción de referencia en términos de fluidez (puesto que esto afecta a su precisión y la acerca a la TA); y emplear textos de partida originales y no traducciones (Läubli *et al.*, 2020, págs. 668–669).

Por último, desde la perspectiva de la posedición de errores de TA por profesionales, destaca el estudio de Vardaro *et al.* (2019) con traductores de alemán de la Dirección General de Traducción de la Comisión Europea. Entre sus conclusiones, observan que los traductores profesionales dedican el mismo tiempo a la corrección de diferentes categorías de error (falso sentido, terminología, estilo) y que la detección de los mismos es precoz.

Con base en estos estudios, presentamos a continuación nuestra propia propuesta metodológica para la comparativa de errores de traducción humana y traducción automática.

1.2. Objetivos y metodología

El presente trabajo se centra en el error en traducciones humanas profesionales de informes de seguridad nuclear revisados por traductores sénior y su comparativa con los errores producidos por la traducción automática (TA) de los mismos textos. El género textual, sus características y terminología, así como las limitaciones en la aplicación de la TA al mismo, fueron objeto de trabajos anteriores (Castillo, 2021 y 2016). Asimismo, en Castillo (2017) se plantea la conveniencia de contar con baremos de errores propios para cada género textual especializado, dada las diferentes características, especialmente pragmáticas, que presentan sus funciones y uso real.

Como continuación de dichos trabajos, en este nos planteamos los siguientes objetivos: determinar qué tipo de errores se corrigen en traducción técnica profesional en un campo altamente especializado; establecer si los errores producidos por la traducción automática son comparables a los detectados en la traducción técnica humana; y concretar cuáles son los problemas de traducción que dan lugar al error.

Para ello se han tomado diez informes de seguridad nuclear traducidos en el periodo 2009–2014, en los que se examinan los errores cometidos por traductores humanos principiantes según la revisión de traductores profesionales sénior. Dichos errores se clasifican y, a continuación, se someten los mismos textos a traducción automática para comparar los fragmentos erróneos de la traducción humana con los resultados de la TA. Debe señalarse que el enfoque de este estudio es puramente descriptivo.

El sistema de traducción automática seleccionado es DeepL, ya que ofrece los mejores resultados en un estudio de 13 combinaciones lingüísticas y 7 sectores de la industria (Intento, 2021, pág. 25).

2. Análisis de errores

Los textos que se examinan a continuación son traducciones profesionales realizadas por autónomos y revisadas por los traductores sénior de las CC. NN. (centrales nucleares) de Trillo y Almaraz. Con ello, consideramos que el proceso está validado por la industria y por la aceptación de la versión final de dichas traducciones por el cliente. Debe señalarse que tanto la traducción humana como la automática se produce en condiciones similares de iniciación: los traductores humanos realizan traducciones de prueba (de ahí que sean corregidos por el traductor sénior) y por tanto no están especializados en el campo ni en el género textual, aunque sí en traducción técnica en general. De manera similar, el sistema de TA DeepL no ha sido entrenado con traducciones anteriores ni glosarios del cliente. Con ello, aseguramos un nivel equivalente de especialización que facilita la comparabilidad. En el siguiente apartado se proporcionan algunos ejemplos de las correcciones realizadas a la traducción humana y de los errores de la TA en los mismos fragmentos, antes de ofrecer un recuento total de los errores de la TH y la TA.

2.1. Errores de la traducción humana y de la TA: texto 1

A continuación, se ilustran las correcciones realizadas por el traductor sénior al primer documento del corpus y la TA de los mismos fragmentos.

TO ejemplo 1	TM revisado
Verzögertes Hochlaufen von Notstromdieseln bei Funktionsprüfungen	Demora en el arranque de los diésel de salvaguardia durante pruebas funcionales
TA	
Retraso en la puesta en marcha de los generadores diesel de emergencia durante las pruebas de funcionamiento	

En este caso, se trata de un error gramatical de número, ya que *Notstromdieseln* no se detectó como dativo plural y se tradujo en singular como «el diesel». En cuanto al resultado de la traducción automática con DeepL, la TA introduce la amplificación «generadores» (que consideramos acertada), pero tiene dos términos erróneos: «de emergencia» y «de funcionamiento», que no se corresponden con las convenciones del género textual (de hecho, los diésel de emergencia, en alemán *Notspeisesystem* según el glosario de uso interno del cliente, constituyen otro grupo de generadores diferente, ya que las centrales nucleares disponen de varios sistemas en caso de fallo).

En el segundo ejemplo, se trata de un error terminológico: se tradujo *Start* como «inicio» en lugar de «arranque» (al tratarse de un generador, también podría haberse corregido como «encendido»). Nótese que en el primer ejemplo el término utilizado es *Hochfahren* y no *Start*, por lo que el traductor presumiblemente intentó también buscar un sinónimo:

TO ejemplo 2	**TM revisado**
Im Notstrom- Anforderungsfall haben die Ladeluftkühler Raumtemperatur, wenn der <u>Start</u> der Diesel angeregt wird.	En caso de demanda de la alimentación de emergencia, los enfriadores de aire de carga están a temperatura ambiente cuando se acciona el <u>arranque</u> del diésel.
TA	
En el caso de la demanda de energía de emergencia, los intercoolers están a temperatura ambiente cuando se estimula el arranque del diésel.	

En cuanto a la traducción automática, si bien «arranque» es correcto y «energía de emergencia» puede ser un sinónimo aceptable, se produce un préstamo innecesario del inglés (intercoolers); además, el verbo «estimula» no comporta el sentido correcto (la TA ha seleccionado un equivalente más general).

En el ejemplo 3, *einsetzen* se tradujo como «introduce», un equivalente general pero que aquí no transmite el sentido correcto de «actuar sobre» (*einsetzen für*). Lo catalogamos, pues, como un falso sentido.

TO ejemplo 3	**TM revisado**
Die Kühlung setzt für 3 von 4 Redundanzen erst nach Zuschalten des Generatorschalters ein.	El enfriamiento sólo <u>actúa sobre</u> 3 de 4 redundancias cuando se ha conectado el interruptor de generación.
TA	
En 3 de las 4 redundancias, la refrigeración sólo se pone en marcha después de conectar el interruptor del generador.	

Con respecto a la TA, la traducción del verbo *einsetzen* es aceptable, no así «interruptor del generador», ya que como se vio en el primer ejemplo el sistema consta de varios generadores diésel. Se trata de un error gramatical de número.

La primera traducción del ejemplo 4 fue «La transferibilidad no se produce…», lo que constituye una traducción literal que no respeta la fraseología habitual de este género textual:

TO ejemplo 4	TM revisado
Eine Übertragbarkeit auf die Notstrom- und USUS-Diesel in KKP-1 ist nicht gegeben	No aplica ni a los diésel de salvaguardia ni a los diésel USUS en KKP-1
TA	
No se da la posibilidad de transferir a la energía de emergencia y al gasóleo USUS en el KKP-1	

En la TA, la traducción es completamente errónea, ya que se ha transpuesto *Übertragbarkeit* con el falso sentido de «transferir a la energía», cuando en el fragmento se debate si este incidente es aplicable a la central nuclear KKP-1. Del mismo modo, «el KKP-1» constituye un error gramatical de género y tanto «gasóleo» (en lugar de «diésel») como «energía de emergencia» (en lugar de «salvaguardia») son términos erróneos en este contexto especializado.

Las demás correcciones a la traducción se presentan en la siguiente tabla junto a los resultados de la TA:

Tabla 1: Ejemplos de correcciones a la TH y errores de la TA (texto 1)

TO	TM	TM revisado	Tipo de error	TA	Tipo de error
Störfall	accidente	incidente	Término	incidente	
Übertragbarkeit	transferibilidad	aplicabilidad	Término	transferibilidad	T
TC-Scheiben	secciones TC	discos de control de temperatura	Término	discos TC	T
im Einsatz sein	encontrarse en aplicación	encontrarse en uso	Fraseología	se sigue utilizando	

(*Suite*)

Tabla 1: (*Suite*)

TO	TM	TM revisado	Tipo de error	TA	Tipo de error
bei Dieselstillstand	diésel en reposo	diésel en parada	Término	en la parada del diesel	Orden
bei kleiner Leistung	a baja potencia	a menor potencia	Estilo	a baja potencia	
im Bereich der Raumtemperatur	el ámbito de la temperatura ambiente	el intervalo de la temperatura ambiente	Término	en el rango de la temperatura ambiente	
Absperrmöglichkeit	posibilidad de aislamiento	posibilidad de cierre	Término	posibilidad de cierre	
Konvoi-Anlagen	centrales de convoi	centrales de convoy	Ortografía	sistemas de convoy	FS
wetterbedingt	debido al tiempo que hacía	debido a las condiciones meteorológicas	Registro	debido a las condiciones meteorológicas	

Como puede observarse, la mayoría de las correcciones a la traducción humana se trata de términos sinónimos pero más habituales en el género textual en cuestión; en el caso de «menor potencia» se prefiere una expresión comparativa a pesar de no corresponderse con el original. También hay una corrección de estilo en el caso de «condiciones meteorológicas», expresión más formal que la elegida inicialmente. Por lo que respecta a la traducción automática (generada a partir de oraciones completas, aunque en la tabla solo se muestren algunos extractos), se observa que sus resultados son cercanos o coincidentes con las revisiones propuestas, por lo que en este caso presenta un menor número de errores que la primera traducción humana.

Una vez vistos algunos ejemplos extraídos del primer texto, en el siguiente apartado se presenta el recuento total de correcciones y de errores de la TA.

2.2. Resultados

En la siguiente tabla se contabiliza, en primer lugar, el número de errores corregidos en las traducciones humanas y sus tipos:

Tabla 2: Total de errores de la TH y la TA

Correcciones a la traducción humana y errores TA		
Tipo de error	**Total de errores TH**	**Total de errores TA**
Número gramatical	2	1
Género gramatical	1	1
Término técnico del campo/género textual	13	18
Término técnico convencional	14	24
Falso sentido por equivalente general	3	6
Falso sentido por traducción literal	3	4
Falso sentido sintáctico		1
Fraseología técnica convencional	1	2
Ortografía	6	
Puntuación	9	1
Registro	1	
Estilo	9	1
Orden	1	2
Omisión	9	4
Préstamo innecesario		1
Sin sentido		1

Si bien en algunas categorías se observa un número de errores igual o similar (número, género, FS por traducción literal…), debe señalarse que prácticamente en la totalidad de los casos los errores de la TH y de la TA no son coincidentes, es decir, la TA resuelve los fragmentos corregidos mejor que la TH (tal como se vio en los ejemplos del texto 1) y del mismo modo que el revisor humano, lo que destaca especialmente en la ortografía y sobre todo en la puntuación, al ser esta una categoría más flexible en lengua española que en alemán. En este sentido, es mencionable que el revisor corrigió la tilde diacrítica ya desaconsejada por la RAE, p. ej. de «solo» a «sólo», y se comprobó que DeepL también empleaba «sólo». Del mismo modo, la puntuación propuesta por DeepL (en nexos al principio de frase, p. ej. «Además,...») coincidía con las correcciones del revisor. Sin embargo, la TA introduce un número superior de errores terminológicos y de otros tipos que requerirían una cuidadosa posedición, incluso algún sin sentido.

En ambas traducciones, la terminología especializada técnica en general y la terminología nuclear en particular son las dos categorías que dan lugar a un mayor número de errores. La TA produce más errores en la terminología nuclear que la TH, pero es en la terminología técnica general donde se aprecia la mayor diferencia entre ambas traducciones. Esto no significa necesariamente que la TA tenga dificultades con la terminología técnica en general (aunque quizá algo más en el caso del alemán por los compuestos plurilexemáticos), sino que se producen una serie de ocurrencias que introducen errores por las características propias del sistema.

Por ejemplo, uno de los fenómenos llamativos en la traducción automática es la inconsistencia en la traducción del mismo término (*Endschalter* = final de carrera, interruptor final de carrera, interruptor de límite), incluso dentro de una misma oración (*Armaturen* = válvulas, accesorios), en ocasiones dando lugar a sin sentidos (*Redundanzen* = redundancias, despidos). Por otro lado, otros términos como *Auffälligkeit* se traducían fuera de contexto sistemáticamente («conspicuidad», «conspicuo», en lugar de «hallazgo» o similar).

En cualquier caso y en cuanto a las categorías de error, debe señalarse que estas no difieren enormemente entre la TH y la TA. La ortografía y el registro son las únicas en la que la TH presenta errores y la TA, no (siendo solo la ortografía la que muestra un número de ocurrencias apreciable); por otro lado, los casos de falso sentido sintáctico, préstamo innecesario y sin sentido son exclusivos de la TA en este estudio, si bien apenas se producen ocurrencias. Por el relativamente elevado número de correcciones de puntuación, ortografía y omisiones en la TH, parece necesario que la TH sea revisada por otro traductor (un procedimiento estándar en la industria), aunque algunas de estas correcciones quizá podrían ser prescindibles o subjetivas. En el caso de la TA la posedición resulta, más que necesaria, imprescindible por la mayor gravedad de los errores.

2.3. Comentarios y aclaraciones del revisor humano

Por último, parece interesante observar algunos de los comentarios y aclaraciones que el revisor sénior proporciona junto a las correcciones de los textos, dada su especificidad en el ámbito técnico y nuclear en particular.

- *Revision* y «Recarga»: con respecto a estos dos términos, indica el revisor:

Más o menos cada año se para la central (1–2 meses). En este periodo se cambian los elementos combustibles (Uranio enriquecido) y se aprovecha para revisar todas las máquinas y sistemas que se puede. En España se le llama «Recarga de 2009« (de elementos combustibles) y en Alemania *Revision 2009* (aunque también se cambian los elementos combustibles). Sin embargo, si va delante de alguna pieza: *Revision des Ventils = Überprüfung*, en este caso sí que se revisa la válvula.

Para este término, coinciden la TH y la TA en la traducción errónea «revisión», lo que no es sorprendente teniendo en cuenta su especificidad y polisemia:

TO ejemplo 5	**TM**
Bei der im Zuge der Übertragbarkeitsprüfung in der Revision 2007 erfolgten Kontrolle vergleichbarer Endschalter ergaben sich weitere Auffälligkeiten im Hinblick auf eine beginnende Beeinträchtigung der Leichtgängigkeit.	En los controles de interruptores finales similares, llevados a cabo en la revisión de 2007 en el curso de la prueba de transferibilidad, se constataron otros indicios de una incipiente alteración de la facilidad de movimiento.

TA
La inspección de interruptores de límite comparables llevada a cabo en el curso de la prueba de transferibilidad en la revisión de 2007 reveló otras características conspicuas con respecto a un deterioro incipiente de la facilidad de movimiento.

- KWU: con respecto a estas siglas, se proporciona la siguiente información:

KWU se queda igual. Hace años, para desvincular su nombre de la energía nuclear (en muchos círculos sociales o países considerada como algo malo para el medioambiente), Siemens externalizó su departamento de energía nuclear, llamándolo KWU. Más adelante se fusionó o fue absorbido por la francesa AREVA. Aunque los trabajadores siguen siendo trabajadores de Siemens.

TO ejemplo 6	**TM**
Das KKW Angra 2 in Brasilien ist ein Kraftwerk nach KWU-Design.	La KKW Angra 2 de Brasil es una central de diseño KWU.

TA
La central nuclear Angra 2 de Brasil es una central diseñada por KWU.

Como puede observarse, el traductor humano, ante el desconocimiento de las siglas KKW y KWU, opta por no traducirlas. En el primer caso esta técnica no es acertada, pues KKW son las siglas de *Kernkraftwerk* (término especializado de la industria nuclear, ya que en el lenguaje común se emplea AKW o *Atomkraftwerk*, que sin embargo tiene una connotación negativa y por ello se evita en ámbitos especializados). Por tanto, existe un equivalente de uso habitual en español: central nuclear o C. N. La TA resuelve mejor este caso, pero en el segundo, no respeta la fraseología propia del campo («de diseño KWU»), por lo que habría que poseditarlo.

- *Störung*: «perturbación»; *Fehlverhalten*, *Fehler*, etc: «anomalía»; *Ausfall*: «fallo»; *Meldung*: «alarma» o «aviso»:

> Tendrás que aprender a discernir. En este caso es una alarma con el texto de aviso tal y cual. Llamamos aviso a los textos que aparecen escritos; pero hablamos de excitarse o activarse una alarma. En relación con la I&C y con el SPR hablamos casi siempre de alarmas.

Tal como puede observarse, junto al uso habitual de siglas (I&C: instrumentación y control, SPR: sistema de protección del reactor), otra de las dificultades es el uso convencionalizado de términos que en la lengua común pueden ser sinónimos o cuasi sinónimos. Veamos a continuación los ejemplos en contexto:

Tabla 3: Ejemplos 7–10

TO	TM	TA
Störung im Begrenzungssystem YT	Anomalía en el sistema de limitación YT	Mal funcionamiento del sistema de limitación YT
Um 01:14 Uhr sprachen die KMA/RMA-Meldung 0HE00U283-XU01 SES SI-LEITT SCHEIBE 3 und die unterlagerte RMA-Meldung 3YT43C400-XU63 LVUE-STOERUNG an.	A las 01:14 se activaron los avisos KMA/RMA 0HE00U283-XU01 SES SI-LEITT SCHEIBE 3 y el aviso RMA 3YT43C400-XU63 LVUE- STOERUNG	A las 01:14 el mensaje KMA/RMA 0HE00U283-XU01 SES SI-LEITT SCHEIBE 3 y el mensaje RMA subordinado 3YT43C400-XU63 LVUE-STOERUNG respondieron.
Unmittelbar nach der Signalisierung wurde mit der Fehlersuche begonnen.	Inmediatamente después de los avisos se comenzó a buscar el fallo.	Inmediatamente después de la señalización, se inició la resolución de problemas.
Ausfall einer Signalverarbeitungseinheit SVE2.	Fallo de una unidad de procesamiento de señales SVE2.	Fallo de una unidad de procesamiento de señales SVE2.

En el último caso, la TH y la TA coinciden y son correctas. En el tercer ejemplo, la TH sería correcta, no así la TA que ha empleado fraseología técnica convencional que no es apropiada a este contexto. En el primer caso, ni la TH ni la TA son correctas; en el segundo, ni la TH ni la TA han traducido los nombres de las alarmas, que sin embargo sí deben traducirse: SI-LEITT SCHEIBE 3 (TÉCNICA DE SEGURIDAD I&C DISCO 3) y STOERUNG (perturbación). Tanto las siglas SI-LEITT (*Sicherheits-Leittechnik*) como la grafía de *Stoerung* presentan dificultades a ambos traductores.

- *Warte* y *Wartung*: se trata de dos términos similares que plantean dificultades al traductor humano:

> *Sala de control* (en este caso es la sala de control de la central, pero en otros casos es la sala de control de seguridad, donde están los vigilantes de seguridad/seguratas, vamos). *Wartung*: Mantenimiento.

TO ejemplo 11	**TM**
Den „Vorkehrungen gegen Wiederholung« kann hinzugefügt werden, dass diese Art Fehler in jedem Fall durch die implementierte ständig aktive Selbstüberwachung des Systems beim Fehlereintritt sofort an die Warte gemeldet wird, so dass sich weitere präventive Maßnahmen wie häufigere WKP oder zusätzliche automatische Überwachungen erübrigen.	A „medidas preventivas« se puede añadir que este tipo de fallo se comunica inmediatamente a mantenimiento en todos los casos mediante la autosupervisión constantemente activada del sistema, de manera que no se requieren medidas preventivas complementarias como pruebas periódicas más frecuentes o revisiones automáticas adicionales.

TA
A las «precauciones contra la recurrencia« se puede añadir que este tipo de error es, en cualquier caso, notificado inmediatamente a la sala de control por la autovigilancia constantemente activa implementada en el sistema cuando se produce el error, de modo que no son necesarias otras medidas preventivas como el WKP frecuente o la supervisión automática adicional.

Como puede observarse, la TA traduce correctamente «sala de control»; sin embargo, tiene dificultades con la fraseología convencional del género —«medidas preventivas« (*Vorkehrungen gegen Wiederholung*)— y mantiene la sigla WKP (*Wiederkehrende Prüfung*) en lugar de emplear su equivalente acuñado («prueba periódica»). Es de señalar que la TH no adapta las comillas alemanas y la TA, sí.

- *Drehmoment*: con respecto a este término técnico general, señala el revisor:

> Drehmoment tiene 2 traducciones. Aquí al interpretarlo hay que jugársela. «Par de apriete» es para apretar (tornillos o lo que sea). «Par de giro» es para el giro de un motor, válvula, etc.

TO ejemplo 12	**TM revisado**
Die Absteuervarianten in den Anlagen sind verschieden, so wird bei Konvoi Anlagen der Reaktorschutzbefehl nur abgesteuert, wenn der Drehmoment > max UND der Wegendschalter ansteht. Allerdings gilt auch hier die Prüfung als nicht erfolgreich, wenn der Drehmoment > max gemeldet wird.	Las formas de desconexión de las centrales son diversas, de forma que en las centrales de convoy se da la orden de cierre del sistema protector del reactor cuando el par de giro es > máx. Y el interruptor de fin de carrera está conectado. En cualquier caso, también aquí se considera que la prueba no ha concluido con éxito cuando el par de giro es > máx.

TA
Las variantes de control en los sistemas son diferentes, por ejemplo, en los sistemas de convoy el comando de protección del reactor sólo se controla si el par > máx. Y se aplica el interruptor de límite. sólo se activa si el par > máx. Y el final de carrera está activado. Sin embargo, la prueba también se considera fallida en este caso si se señala un par de torsión > máximo.

En el texto original hay un error en el género (debería ser *das Drehmoment* y no *der*, ya que este es el artículo correspondiente a *Moment* en la lengua común). La TA proporciona para *Drehmoment* solo «par». Asimismo, es errónea la traducción de *Anlagen* como «sistemas», ya que, como señala también el revisor, «*Anlage* = 1. Equipo (concreto de un sistema). 2. Central (nuclear).» En este caso, se refiere a las centrales nucleares.

Otros comentarios o aclaraciones del revisor son:

- *Baugruppe* siempre hace referencia a «tarjeta» (es decir, una tarjeta electrónica). Para decir componente los alemanes nucleares utilizarían *Bauteil* o *Bauelement*.
- MdO: Manual de Operación, pero actualmente se utilizan las siglas MO.
- *Betriebspersonal*: «personal de operación» (Operación es un departamento de las CC.NN.). Se encargan del funcionamiento en sí de la central. Los operadores de la sala de control vigilan los parámetros del núcleo.

- Al principio del texto para *wegen tiefen Durchsatz*, en esta ocasión no es «caudal profundo», si lo piensas, da igual que un caudal circulara a +10 o a +30 m. Se refiere a «caudal bajo».
- *Raum*: Cubículo (fuera de la central sería «sala/habitación»). *Sperrbereich*: En este caso *Sperr* no significa «sellado» sino que está *gesperrt*: cerrado. En nuestra central se le llama «zona/cubículo de acceso prohibido». Dentro de la zona controlada, los cubículos en los que la radiación es muy alta, están cerrados con llave para que nadie pueda pasar.
- *Auslösung*: No es «disparo». En este caso puse «actuación» (cuando se acciona un dispositivo mecánico como es una válvula), «accionamiento» también valdría. «Disparo» se usa mucho con «disparo del reactor», el término alemán define perfectamente lo que es: *Schnellabschaltung*, es decir una desconexión ultrarrápida (en inglés se dice *trip*). *Auslösung* yo lo traduzco por «activación» cuando se activa un dispositivo eléctrico.
- *Prüfen*: dependiendo del contexto puede ser probar o comprobar o revisar.

Comprobamos que una causa frecuente de errores en la TH es la polisemia y, en concreto, los equivalentes específicos del ámbito técnico en general, del nuclear y de la central concreta: es el caso de *tief*, *Raum*, *Sperr*, *Auslösung* y *prüfen*. En el caso de *Baugruppe*, la traducción literal de Bau produce un falso sentido. Por último, en el caso de MdO se ha producido una evolución en el uso de la sigla, que se ha simplificado a MO. Para varias de estas ocurrencias como el departamento de «Operación», resulta imposible conocer el término de uso habitual del cliente a menos que se tenga una retroalimentación detallada o se traduzca *in situ*.

3. Conclusiones

El presente estudio, a pesar de las limitaciones propias de su extensión, ha podido cumplir los objetivos planteados en su inicio, es decir, observar qué tipo de errores se revisan en un entorno especializado nuclear y si la TA produce errores comparables, además de establecer cuáles son los problemas de traducción que dan lugar a estos errores.

En cuanto al primero, vemos que una gran parte de las correcciones que realiza el traductor experimentado son adaptaciones de términos o fraseología al uso convencional del cliente; en muchos casos, se trata de terminología específica (bien nuclear o propia de una central concreta) y no técnica en general. Sin embargo, el otro gran grupo de correcciones lo constituyen falsos sentidos o términos del lenguaje técnico general. En este último grupo, la TA puede resultar de asistencia, ya que demuestra unos resultados relativamente aceptables en la traducción de fragmentos técnicos. No obstante, requiere una cuidadosa posedición, puesto que, en los casos en los que introduce errores, estos llegan a producir sin sentidos o falsos sentidos de importancia. A pesar de que los errores de la TH y de la TA no suelen coincidir en los casos específicos, sí que muestran prácticamente las mismas categorías de error, por lo que en ambos casos tanto la revisión como la posedición seguirían unas pautas similares. Tanto la TH como la TA tienden, por ejemplo, a generalizar o emplear equivalentes del lenguaje común ante el desconocimiento de un término, lo que se ha observado especialmente en el caso de los verbos empleados con un sentido especializado.

Por otro lado, un tercer grupo de errores corregidos lo constituyen aspectos como la puntuación o las omisiones, en las que la TA ha demostrado una mejor competencia que la TH en el presente estudio. Por tanto, este es otro de los aspectos en los que la TA puede asistir a la labor del traductor humano para conseguir una mejor calidad. No obstante, debe advertirse que algunas de las correcciones realizadas podrían ser subjetivas o relativas, como es el caso del uso de la coma o de la tilde diacrítica. Por tanto, pese a que la naturaleza descriptiva de este estudio no se plantea la conveniencia o no de estas correcciones, sí deberían tenerse en cuenta estos aspectos o investigarse en mayor profundidad en futuros trabajos.

Con respecto a la traducción humana, el hecho de tratarse de traducciones de prueba o principiantes se observa no solo en el desconocimiento de la terminología específica del campo, sino también en la interpretación errónea de explicaciones técnicas de los informes. Ambos aspectos mejorarían indudablemente con la práctica, pero también podría contribuir una formación específica en la traducción del lenguaje técnico del alemán al español y sus problemas principales, de la mano de casos concretos. En este sentido, algunos de los principales problemas de traducción detectados en los informes nucleares son: la polisemia y la sinonimia de los términos técnicos alemanes; el uso de equivalentes específicos en el ámbito nuclear y en la central nuclear en cuestión, así como de una fraseología fuertemente convencionalizada; las convenciones propias del género textual (p. ej., macroestructura y nombre de los epígrafes); la presencia de lexemas o términos que pueden dar lugar a falsos amigos; el cripticismo y la falta de contexto en algunos fragmentos de contenido muy técnico; el uso de siglas y abreviaturas propias del campo y no habituales (no solo en la lengua común, sino incluso en el lenguaje técnico en general); el orden de los elementos oracionales que dificulta la comprensión; la impersonalización y la nominalización propia de los textos técnicos en alemán; y el contexto pragmático que rodea la operación de las centrales nucleares, sus procesos internos y las empresas relacionadas (en su mayor parte desconocido para el público en general o los traductores humanos que no trabajen *in situ*).

Con respecto a la traducción automática, cabe preguntarse si un estudio realizado a partir del corpus completo en lugar de los fragmentos seleccionados aquí arrojaría resultados diferentes. Sin duda, un sistema de TA específicamente entrenado para el cliente en cuestión con glosarios y traducciones anteriores mejoraría dichos resultados, si bien resultaría un proceso laborioso que requeriría una cuidadosa validación del material previo. En esta línea se centrarán las futuras investigaciones que propondremos, siempre con un enfoque profesionalizante y adaptado a las prácticas del sector.

Agradecimientos

El presente trabajo se enmarca (parcialmente) en el seno del proyecto INMOCOR (Ref. P20_00109).

Referencias bibliográficas

Briva-Iglesias, V. (2021). Traducción humana vs. traducción automática: análisis contrastivo e implicaciones para la aplicación de la traducción automática en traducción jurídica. *Mutatis Mutandis, 14(2),* 571–600.

Carl, M. y Toledo Báez, M. C. (2019). Machine translation errors and the translation process: a study across different languages. *The Journal of Specialised Translation, 31*, 107–132.

Castilho, S., Moorkens, J., Gaspari, F., Sennrich, R., Sosoni, V., Georgakopoulou, P., Lohar, P., Way, A., Miceli Barone, A. V. y Gialama, M. (2017). A Comparative Quality Evaluation of PBSMT and NMT using Professional Translators. En S. Kurohashi y P. Fung (Eds.). *Proceedings of MT Summit XVI, vol. 1.* AAMT: Nagoya.

Castillo Bernal, M. P. (2021). Terminología y fraseología del texto técnico en alemán: características y problemas en la aplicación de la traducción automática. *Mutatis mutandis, 14(2)*, 285–306.

Castillo Bernal, M. P. (2017). El error en traducción técnica alemán-español. Un estudio comparativo de patentes traducidas. *trans-kom, 10(1)*, 75–100.

Castillo Bernal, M. P. (2016). La traducción e interpretación especializada en el sector nuclear en España. *Skopos, 7*, 57–72.

Intento (2021). The State of Machine Translation Report 2021. Recuperado de https://blog.taus.net/taus-and-intento-collaborate-for-the-intento-2021-state-of-machine-translation-report

Läubli, S., Castilho, S., Neubig, G., Rico, S. Shen, Q. y Toral, A. (2020). A Set of Recommendations for Assessing Human–Machine Parity in Language Translation. *Journal of Artificial Intelligence Research, 67*, 653–672.

Moorkens, J., Castilho, S., Gaspari, F. y Doherty, S. (Eds.). (2018). *Translation quality assessment. From principles to practice (vol. 1)*. Cham: Springer.

Soloviev, K. (2017). Measuring Content Quality with Error Typology: Step by Step Guide. *TAUS blog*, 23 de junio de 2017. Recuperado de https://blog.taus.net/measuring-content-quality-with-error-typology-step-by-step-guide

Translation Automation User Society (TAUS). (2015). QT21 project. Recuperado de https://www.taus.net/ qt21-project#dqf-qt21

Vardaro, J., Schaeffer, M. y Hansen-Schirra, S. (2019). Translation Quality and Error Recognition in Professional Neural Machine Translation Post-Editing. *Informatics 2019, 6, 41*, 1–29.

Yamada, M. (2019). The impact of Google Neural Machine Translation on Post-editing by student translators. *The Journal of Specialised Translation, 31*, 87–106.

Certificados de conformidad de aerogeneradores: análisis de traducción y propuesta de soluciones

*María Recuenco Peñalver**

RESUMEN

El auge de determinados sectores de negocios a nivel internacional, en concreto, el de las energías renovables, redunda en un mayor flujo de intercambio de negocios, así como también de documentos. En España, país puntero en este sentido, algunos documentos utilizados en el sector de las energías renovables son manejados, mayoritariamente, en lengua inglesa. En este capítulo se abordará el estudio concreto de la traducción de uno de esos documentos: los certificados de conformidad de aerogeneradores, texto que suele preceder numerosas transacciones comerciales relacionadas con aerogeneradores (en especial, su compra y venta). Para ello, se llevará a cabo un análisis textual de la primera de un total de 7 páginas del mencionado certificado. A continuación, se procederá a la identificación de los principales problemas de cara a su traducción y, finalmente, se presentará un listado con los recursos y herramientas utilizados, con vistas a facilitar la tarea de futuros traductores de este tipo de textos en concreto, pues se trata de documentos que suelen manejarse en inglés. Los principales motivos para esto son el gran número de tecnicismos que presentan, así como también su complejidad y la necesidad por parte del traductor de conocer tanto la temática como las convenciones textuales en profundidad.

Palabras clave: traducción técnica, inglés-español, certificado de conformidad, aerogenerador, energías renovables

ABSTRACT

The international growth of certain business sectors, specifically, the one of renewable energies, results in a greater flow of business as well as documents exchange. In Spain, a leading country in the field, some documents used in the green energies arena are mostly handled in English. This paper shall address the study of the translation of one of these specific documents: a wind turbine component certificate, an essential text that precedes numerous commercial transactions related to wind turbines, such as purchasing operations between companies. To do this, first, a textual analysis of the first page from the aforementioned certificate (of a total of 7 pages) shall be carried out. After this, the main problems related to their translation into Spanish shall be identified and, subsequently, a list of resources and tools used for this purpose shall be drawn. The main purpose of this article is to try to add some more light to the topic of technical translation in the renewable energies sector and ease the task of future translators of this

* Universidad de Ciudad del Cabo (Sudáfrica), maria.recuencopenalver@uct.ac.za, Universidad de Málaga, mariarecuenco@uma.es

type of text, which so far have not been very successful, since documents are normally used in English. Main reasons for this, as well as the main reason for this paper, are the multiple technicisms used in the original text and the theme complexity, which requires a considerable amount of deep knowledge (both in terms of the topic as well as of the textual conventions) from the translator's side.

Keywords: technical translation, English-Spanish, component certificate, wind turbine, renewable energies

1. Introducción

Mucho se ha hablado acerca de la diferenciación entre traducción científica y traducción técnica, de ahí que no sea el propósito de este artículo añadir nada al respecto. Es necesario, sin embargo, dejar claro que, para abordar el documento en cuestión, se ha seguido a autores como Gamero (2001), Jiménez (2002) y Byrne (2012) y se cree que, si bien la línea que separa los textos científicos de los técnicos es, a veces, muy fina, existe, no obstante, una sólida diferenciación entre ambos. Dicha diferenciación reside en el hecho de que la ciencia y los textos científicos aluden a un compendio de saberes y conocimientos teóricos y tienen como principal objetivo su difusión, mientras que, por su parte, la traducción técnica y los textos técnicos se refieren específicamente a la aplicación de dichos conocimientos y saberes para su explotación industrial, con vistas a objetivos que, por lo general, no son los de la difusión del conocimiento ni su aplicación, sino otros más específicos, ya sean de organización, comerciales o publicitarios, para la obtención de licencias, etc.

Así pues, el objetivo de estas páginas es estudiar un caso concreto de traducción técnica, tipología que tradicionalmente ha sido y sigue siendo hoy día de entre las más demandadas, frente a otras como la traducción literaria, la jurídica, la audiovisual, etc. Así se evidencia, por ejemplo, en el estudio de 2016 de la Universidad Europea de Madrid (Rico Pérez, 2016) o en el artículo de Diéguez *et al.* (2014).

Dentro de los diversos campos en que puede dividirse la traducción técnica, es importante destacar la relevancia de determinados sectores con actividades económicas pujantes a nivel internacional, de muy rápido avance y desarrollo y, sobre todo, de considerable peso para la economía española. Tales sectores, como es fácil imaginar, implican un volumen nada desdeñable de transacciones, no solo económicas, sino también de documentos en más de un idioma. De entre esos sectores que Gamero (2005) denomina «nuevas tecnologías», cabe destacar el sector de las energías renovables, el cual, debido al incesante aumento tanto de la demanda como del precio de la electricidad y la cada vez más apresurada búsqueda de alternativas, representa un codiciado y frenético nicho de mercado, convertido en uno de los principales motores de la economía española en los últimos años. De hecho, en el presente capítulo se abordará el estudio de un caso de traducción técnica del inglés al español, concretamente, la traducción de la primera página de un certificado de conformidad de un aerogenerador, también llamado *turbina eólica* (véase Anexo I).

Así, según el siguiente gráfico publicado por la página web Statista y elaborado por la Base de Datos de INFORMA D&B —de acuerdo con información publicada en el BOE (Boletín Oficial del Estado), el BORME (Boletín Oficial del Registro Mercantil), depósitos de cuentas oficiales, boletines oficiales provinciales y de CC. AA., prensa nacional y regional y otras investigaciones y publicaciones—, en el año 2020 el comercio de energía eléctrica en España facturó más de 37 millones de euros y se encuentra entre los principales sectores económicos del país:

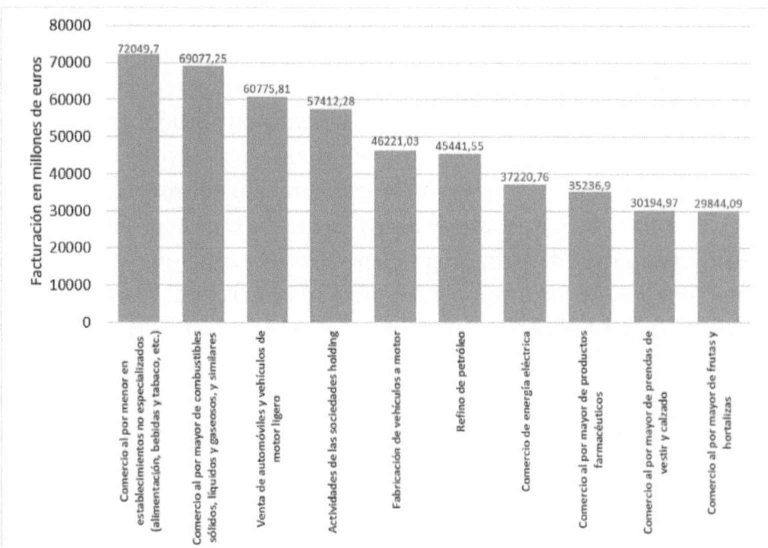

Figura 1: Statista (2022).
Fuente: https://es.statista.com/estadisticas/534512/principales-sectores-economicos-segun-las-ventas-en-espana/.

Dentro del Pacto Europeo por el Clima, iniciativa de la Comisión Europea, se ha establecido como objetivo para los países miembros de la Unión Europea la reducción a más de la mitad de las emisiones de gases de aquí a 2030, así como unas cuotas determinadas de producción de megavatios procedentes de energías verdes.[1] Por otro lado, no hay tampoco que pasar por alto el hecho de que los mercados energéticos de todo el mundo cuenten muy probablemente con inversiones seguras en estos campos durante los próximos años.[2] En definitiva, tanto un aspecto como el otro llevan a pensar que el sector de las energías renovables va a seguir dando mucho que hablar (y, en consecuencia, que traducir e interpretar) durante unos cuantos años más.

En concreto, en el ámbito español, empresas como Iberdrola renovables, Acciona Energia, Siemens-Gamesa, Naturgy, Nordex-Acciona Windpower o GRI Renewable Industries participan en proyectos internacionales de gran escala en distintos países del mundo (tanto de Europa como de los Estados Unidos o de Sudamérica, además de en países como Sudáfrica o Australia). Esto supone una necesaria colaboración humana (que, a menudo, se efectúa en lengua inglesa) y una producción considerable de documentos originales en castellano y también de traducciones desde y hacia el inglés. Es decir, la demanda de la traducción de este tipo de textos en el mercado es lo suficientemente importante como para tomarla en seria consideración. Asimismo, por tratarse de un sector en constante movimiento y evolución, presenta unos claros retos para sus traductores, tanto en cuanto a su necesidad constante de actualización en la materia como de conocimiento terminológico. Ahora bien, y en contra de lo que cabría esperar, llama la atención, sobre todo, la escasez de programas de formación y preparación de traductores profesionales en estos ámbitos, en comparación con otras áreas de la traducción (por ejemplo, la traducción audiovisual, la literaria, la jurídica o la médica). De hecho, Canadell Giralt (2016) analiza la oferta formativa en España en relación con la especialización en traducción técnica y pone de relieve la escasez de recursos en este ámbito frente a otros, tanto a nivel de grado como de posgrado.

---

[1] Véase la propuesta de Directiva del Parlamento Europeo y del Consejo COM (2021) 557 final, relativa al fomento del uso de energía procedente de fuentes renovables (https://eur-lex.europa.eu/legal-content/ES/TXT/?uri=CELEX%3A52021PC0557).

[2] Véase, entre otros, el informe de la multinacional inglesa de energía BP de 2019 (https://www.bp.com/content/dam/bp/business-sites/en/global/corporate/pdfs/energy-economics/statistical-review/bp-stats-review-2019-full-report.pdf).

Tabla 1: Orientación de posgrados con asignaturas de traducción técnica

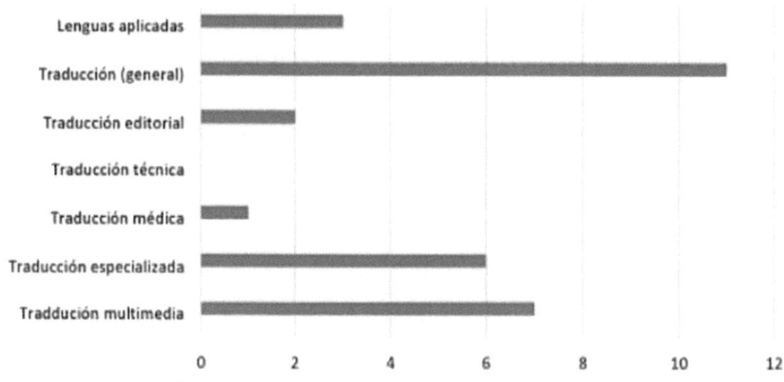

Fuente: Canadell Giralt (2016).

Así, a fecha de 2022, y más concretamente en relación con el tema de las energías renovables y la traducción, tras haber revisado el contenido de las ofertas formativas de las universidades españolas en las que se estudian grados en Traducción o en Traducción e Interpretación en España, las asignaturas relacionadas con la traducción especializada o, más específicamente, la traducción científico-técnica suelen ofertarse en el tercer o en el cuarto año de carrera durante uno o, como máximo, dos semestres. En algún caso muy concreto, como es, por ejemplo, el de la Universidad Europea del Atlántico en Cantabria, se imparte la asignatura de *Introduction to Specialised Translation B-A I* (de 6 créditos) en el segundo semestre del segundo año, momento a partir del cual los alumnos tienen la posibilidad de elegir alguna asignatura relacionada bien con la traducción especializada o con el lenguaje especializado, habiendo incluso en el tercer año una asignatura optativa (de 6 créditos) denominada *Scientific and Technical Translation*. Sin embargo, lo más frecuente es que la práctica con este tipo de textos se aborde a partir del tercer año, como decíamos, durante únicamente uno o dos semestres, y que luego se obvie como campo de especialización en la formación de traductores a nivel de posgrado.

Es el caso, por ejemplo, de la Universidad de Córdoba, por un lado, que cuenta con un máster en traducción especializada, el cual se ramifica en distintos itinerarios. En el dedicado a la traducción científico-técnica se trabaja desde este año con textos de los campos armamentísticos, logística e ingeniería, por un lado; viticultura y olivicultura, por otro; contextos biosanitarios, por otro; y cuentan también con un módulo dedicado a «nuevos retos» entre los que incluyen «desarrollo sostenible, cambio climático y emergencias sanitarias», sin tratarse prácticamente el tema de las energías renovables.[3] Algo similar ocurre en la Universitat Pompeu Fabra de Barcelona, cuyo Máster Universitario en Estudios de Traducción con un módulo dedicado a la Traducción especializada (jurídico-económica, científico-técnica y humanístico-literaria) ofrece una asignatura de traducción técnica y otra científica, pero en ninguna de las dos se recoge el trabajo con textos del campo de las energías renovables.[4]

Sin embargo, es interesante resaltar lo siguiente:

- el Máster en traducción profesional de la Universidad de Granada aparece enfocado a cinco especialidades profesionales diferentes, siendo una de ellas las Prácticas de la traducción científico-técnica (6 ECTS);
- la Universidad de Salamanca cuenta con un máster Universitario en Traducción y Mediación Intercultural, con tres módulos de especialidad, uno de los cuales está dedicado a la traducción científico-técnica;
- el Máster Universitario en Traducción en Entornos Digitales Multilingües de la Universidad de Valladolid (Campus de Soria) sí oferta un módulo de 6 ECTS denominado Traducción y redacción multilingüe para los sectores de la automoción, las energías renovables y la logística EN-ES/ES-EN;
- en el programa de doble grado en Traducción e Interpretación y Relaciones Internacionales de la Universidad Alfonso X El Sabio, en Madrid, existe una asignatura obligatoria de 3 créditos titulada Calidad medioambiental y desarrollo (quinto año, segundo cuatrimestre);
- en uno de los itinerarios ofertados en el doble grado en Relaciones Internacionales (bilingüe) y Traducción e Interpretación de la Universidad Pontificia Comillas, en Madrid, aparece como optativa una asignatura de cuarto curso titulada Medio Ambiente y Sostenibilidad (3 créditos).

---

3 https://www.uco.es/idep/traduccion-especializada-ingles-frances-aleman-espanol#plan-de-estudios-y-profesorado.

4 https://www.upf.edu/web/met/assignatures.

Aparte de esta formación que puede recibirse en el tema de la traducción de textos relacionados con el campo de las energías renovables en las universidades en el territorio español, solo parece existir un curso relacionado específicamente con la temática que aquí nos ocupa en España. Se trata de un curso de especialidad de 5 semanas (40 horas) ofrecido de manera online a través de la plataforma AulaSIC.[5] Se denomina «La traducción en energías renovables EN-ES» y es ofertado por la traductora Aida Ferrer Aguilar, especialista en temas medioambientales y cambio climático.

Parece pues que, intentando ser optimistas en este aspecto, podríamos hablar de un tímido y reciente interés por la formación en este ámbito, que podría englobarse bajo el paraguas temático de la denominación «traducción medioambiental» (véase Ferrer, 2021), así como por la importancia de la actividad traductora en la lucha contra el cambio climático (véase Morningside, 2018 o Brauer, 2018).

A pesar de esto, no hay que extrañarse de que, a día de hoy, entre los profesionales del sector, en concreto, de las energías renovables, en España sea costumbre trabajar directamente con documentos originales en inglés.

El objetivo del presente artículo es, tal y como se anunciaba al principio, sentar algunas bases para posibilitar una mejor traducción de ahora en delante de documentos de esta temática, así como también presentar una serie de herramientas útiles para traductores que trabajen con documentos relacionados con las energías renovables, la cual pueda revertir directamente en la mejora de las traducciones producidas al castellano. Para ello, abordaremos la traducción de la primera página de un certificado de conformidad de un aerogenerador.

2. Los certificados de conformidad de aerogeneradores

La importancia de España en el sector de las energías renovables y, concretamente, en el de la energía eólica, tal y como se vio en el apartado anterior, ha motivado la selección de un certificado de conformidad de un aerogenerador para llevar a cabo su análisis en este artículo. Este documento en particular se

[5] https://www.aulasic.org/es/de-especializacion/la-traduccion-en-energias-renovables.html.

trabajó en clase con los alumnos del Máster Universitario en Traducción en Entornos Digitales Multilingües de la Universidad de Valladolid (Campus de Soria) en el módulo de 6 ECTS denominado *Traducción y redacción multilingüe para los sectores de la automoción, las energías renovables y la logística EN-ES/ES-EN*, durante el año 2020–2021.

Se parte de la base de que el documento en cuestión es clasificable como un texto técnico que, según la nomenclatura internacional de la UNESCO que identifica las distintas ramas de los campos temáticos de la ciencia y la tecnología, se enmarcaría en el campo de las Ciencias de la ingeniería (código 33) y dentro, a su vez, de las áreas temáticas de la Ingeniería y tecnología aeronáutica (código 3301) y la Ingeniería y tecnología ambiental (código 3308). Pertenecientes al mismo campo temático, encontramos otros géneros textuales como son los informes anuales (*anual reports*), informes de seguridad (*health and safety reports*), informes de parques eólicos (*wind farm reports*), instrumentos jurídicos (*legal acts*), evaluaciones de fuentes (*resource assessments*), estudios medioambientales (*environmental studies*), estudios de viabilidad (*feasibility studies*) o fichas técnicas (*data sheet*), entre otros. El documento con el que trabajaremos en este estudio pertenece a este último género textual: la ficha técnica.

De acuerdo con Gamero (2001, pág. 23), los textos técnicos pueden definirse como sigue:

> acto concreto de comunicación en el que los emisores son ingenieros, técnicos o profesionales; los receptores son otros ingenieros, técnicos, especialistas en formación o público general; la situación comunicativa está relacionada con la industria, la explotación agrícola, la fabricación de productos o la oferta de servicios; el foco predominante es la exposición o la exhortación; el modo es generalmente escrito; el campo es de carácter exclusivamente técnico [...]; presenta escasa variedad en cuanto a dialectos temporales, geográficos e idiolectos; y sus rasgos intratextuales son muy variados y están determinados fundamentalmente por las convenciones del género como categoría semiótica.

Teniendo la aplicación de todo lo anterior y sus implicaciones, resulta pues conveniente, antes de iniciar el análisis del texto en sí, ofrecer una serie de datos relacionados con el documento en concreto, así como con su órgano emisor, su receptor y la situación comunicativa a la que pertenece, para poder situar tanto al lector de este capítulo como al traductor interesado en este tipo de textos.

2.1. Sobre el organismo emisor

El emisor del certificado de conformidad que nos ocupa es identificable si nos fijamos en la esquina superior izquierda del documento. En ese lugar, se encuentra un cuadrado con la palabra IECRE y, justo debajo, lo que fácilmente puede identificarse con su explicación: «IECRE – IEC System for Certification for Standards Relating to Equipment for Use in Renewable Energy Applications».

La IEC (siglas inglesas de International Electrotechnical Commission) es conocida en castellano como la Comisión Electrotécnica Internacional y responde a sus siglas en castellano, *CEI*. Sin embargo, la Comisión se identifica igualmente en castellano con las siglas inglesas (*IEC*) debido, sobre todo, al hecho de que las normas que publica son nombradas con su denominación en inglés, tal y como ocurre también por ejemplo con las normas ISO, emitidas por la Organización Internacional de Normalización (o *ISO* por sus siglas en inglés, *International Organization for Standardization*).

La CEI es una organización de normalización de productos y servicios a nivel internacional, en funcionamiento desde 1906, cuya sede se encontraba originariamente en Londres, hasta el año 1948 cuando se trasladó a Ginebra. Actualmente, cuenta con 88 miembros o países asociados y otros 85 en calidad de países afiliados o países en desarrollo que participan en la organización sin ningún coste para ellos. La finalidad de la CEI es la elaboración de normas y estándares que garanticen intercambios internacionales eficaces, seguros y de calidad en los campos de la electricidad, la electrónica y sus derivados. Para ello, la CEI publica normas internacionales, denominadas normas IEC (por su denominación en inglés), que van en consonancia con las normas ISO, y emite también certificados de conformidad a través de sus servicios de evaluación de conformidad (EC) de la CEI.

La CEI ha elaborado cuatro sistemas de certificación con los que cubre cuatro segmentos de la electrotecnología. Esos sistemas son el IECEE (Sistema de la CEI de Programas de Evaluación de Conformidad para Equipo Electrotécnico y Componentes), el IECEx (Sistema de la CEI que lleva a cabo la Certificación de Normas Relacionadas con Equipos para Usar en Atmósferas Explosivas), el IECQ (Sistema de Evaluación de Calidad para Componentes Electrónicos) y el IECRE, que es el que nos ocupa: Sistema de la CEI para Certificación de Normas Relacionadas con Equipo para Uso en Aplicaciones de Energía Renovable. Por consiguiente, el Sistema IECRE es el sistema internacional de la CEI para la evaluación de la conformidad de la tecnología en el sector de las energías renovables. Este sistema se ciñe, por el momento, a la tecnología relacionada con la energía solar fotovoltaica, la energía marina y la energía eólica, aunque no se descarta en el futuro trabajar también con otros tipos de energía como la solar concentrada, la geotérmica o las células de combustible. La certificación del sistema IECRE, que se ajusta a las normas IEC e ISO, se emite para tipos de sistemas, de aparatos y de componentes, así como también para proyectos.

En el punto 2 de las normas básicas que se encuentran disponibles gratuitamente en la página web de la CIE,[6] el objetivo principal del sistema IECRE aparece formulado de la siguiente manera:

> «Taking into account the object of the International Electrotechnical Commission (IEC) as given in Article 2 of the IEC Statutes, the particular object of the IECRE System, operated under the authority of the IEC in conformity with the Statutes, is to provide a global framework for independent assessment and certification of equipment and services associated with Renewable Energy applications».

Es decir, la finalidad de este sistema no es otro que facilitar de manera eficaz y uniforme el comercio internacional en lo referente a la evaluación, prueba y certificación de equipos y servicios utilizados en relación con la energía solar fotovoltaica, marina y eólica, al tiempo que mantener el nivel de seguridad necesario en todas las transacciones en que dichos equipos y servicios se vean involucradas.

Para cumplir este objetivo, la CEI ofrece servicios de evaluación independientes que garantizan que los componentes, aparatos, sistemas y proyectos evaluados cumplen los requisitos y las normas técnicas acordadas internacionalmente. Cuenta, por consiguiente, con laboratorios de pruebas (RETLs: Renewable Energy Test Laboratories) y órganos de inspección y certificación, así como también con distintos comités encargados de la certificación en materia de energías renovables (RECBs: Renewable Energy Certification Bodies) en muchos países. Igualmente, existen comités nacionales de la CEI que pueden solicitar la participación activa en el sistema IECRE, de la misma manera que distintos órganos de certificación o laboratorios de pruebas

---

6 https://webstore.iec.ch/preview/info_iecre01%7Bed1.0%7Den.pdf.

pueden solicitar su participación en el sistema y convertirse en emisores de certificados IECRE.

En el sector de la energía eólica, desde 2018, la CEI ha autorizado a un número muy reducido de empresas privadas a emitir certificados de conformidad de acuerdo con el sistema IECRE, tal y como hace la propia Comisión. Algunas de estas empresas son: el grupo alemán TÜV NORD para certificación de proyectos y componentes eólicos,[7] la sociedad de origen noruego DNV (antes denominada DNV GL) para certificación de proyectos,[8] que se encarga además de publicar normas y documentos de servicio en relación con áreas relevantes que no son tratadas por la CEI; o la empresa británica LR, que también puede emitir proyectos de parques eólicos.[9]

En el caso concreto del documento que nos ocupa, el autor del certificado es su organismo emisor, esto es, la empresa DNV GL (ahora denominada DNV), una de las pocas empresas privadas capacitadas para emitir certificados de conformidad en nombre de la Comisión Electrotécnica Internacional.

2.2. Sobre el receptor y la situación comunicativa

En relación con la situación comunicativa del documento en cuestión, nos encontramos ante un texto que pertenece al género de los certificados de conformidad, esto es, un documento que da fe de la conformidad del producto en cuestión en relación con la necesaria homologación a nivel bien europeo o internacional. Así pues, el objetivo de este documento, en concreto, es rendir cuentas de la idoneidad de una determinada turbina eólica de cara a su posterior venta a una empresa interesada en su compra.

Por consiguiente, la información contenida a lo largo de las siete páginas del certificado de conformidad en cuestión se refiere concretamente a las piezas, componentes, características y estado del aerogenerador o turbina eólica con el que se corresponde. En la primera página del documento se encuentra el propio certificado de conformidad emitido y se explicitan datos como el tipo de sistema usado para su emisión, el número de certificado emitido, las características tanto de la empresa como del componente para los que se emite

---

7 https://www.tuev-nord.de/en/company/energy/renewables/wind-energy/iecre/.

8 https://www.dnv.com/about/index.html.

9 https://www.lr.org/en/latest-news/lr-approved-as-an-iecre-project-certification-renewable-energy-certification-body/.

el certificado, los documentos en los que se basa la emisión del certificado, su fecha de caducidad y los datos de la entidad emisora. Lo que encontramos en las seis páginas siguientes es información detallada sobre los parámetros y las piezas evaluados para la consiguiente emisión del certificado, a saber: parámetros de la máquina, condiciones del viento, de la red eléctrica y de otras condiciones medioambientales, superficies de conexión y los principales componentes del aerogenerador.

El receptor del texto meta será, en consecuencia, toda aquella empresa o particular interesado en cualquier tipo de operación, normalmente, comercial relacionada con el aerogenerador en cuestión. La solicitud y presentación de este tipo de certificados suele preceder, frecuentemente, las operaciones de compra y venta de estos productos. En este caso en concreto, el receptor del certificado es la empresa que solicita su emisión: MHI Vestas Offshore Wind A/S, una empresa conjunta creada en septiembre de 2013 para la producción de turbinas eólicas en el mar tras la fusión de la danesa Vestas Wind Systems A/S y la japonesa Mitsubishi Heavy Industries.

2.3. Rasgos textuales

Las características principales de cualquier texto técnico, tal y como apunta Jiménez (2002, págs. 114–118), pueden dividirse en tres planos. El primero de ellos sería el léxico-semántico, que hace referencia a la abundancia de tecnicismos y neologismos, así como también de acrónimos. Jiménez hace también alusión a la abundancia de otro fenómeno nominal, muy frecuente en estos textos, que es el de los «compuestos nominales con diversos elementos (*noun compounds* o *noun strings*)» (Jiménez, 2002, pág. 115). En segundo lugar, en el plano morfo-sintáctico, citando a Criado Pérez (1984) y a Martín *et al.* (1993), Jiménez (2002, pág. 117–118) enumera una serie de rasgos como la utilización de complementos circunstanciales, oraciones subordinadas, construcciones impersonales, imperativos y generalizaciones; la escasez de artículos; la abundancia de sustantivos, verbos descriptivos en presente y conectores; y el carácter enunciativo y objetivo de este tipo de textos. Por último, en el plano retórico-estilístico, llama la atención el hecho de que Jiménez (2002, pág. 119) ponga de relieve el uso simbólico y figurado del lenguaje de los textos científicos, como remedio al hecho de que «los textos técnicos —basados en procedimientos y procesos muy complejos— son descritos con frecuencia como poco humanos o asequibles. No es de extrañar, por tanto, que se intente adornar su habitual aridez para hacerlos más fáciles de entender y de recordar».

Si bien estamos de acuerdo con las características de los dos primeros planos —riqueza y complejidad léxica y sintáctica, por un lado; e impersonalidad y objetividad lingüística, por el otro—, no lo estamos tanto con el tercer plano. Creemos que este tipo de textos, y en concreto el que nos ocupa, se caracteriza más por su precisión y quizás un cierto carácter críptico, debido al gran número de convencionalismos que podemos encontrar en ellos, característica de los textos técnicos de temática relacionada con la energía eólica y, en concreto, con los aerogeneradores.

En relación con el tipo textual del documento, este es descriptivo o expositivo. El documento en cuestión da cuenta del estado de un objeto concreto (aerogenerador) y de su conformidad con las normas establecidas y aceptadas internacionalmente, las cuales hacen que dicho objeto sea aceptable para su uso, compra y venta.

Tanto el emisor como el receptor, por su parte, son receptores especializados, por lo que su nivel de especialización y tecnicismo es bastante alto. Además, si bien la extensión del documento en sí es de 7 páginas, nos centraremos en la primera de ellas, para poder así analizarla en profundidad.

En la esquina superior izquierda de la primera página del documento podemos encontrar el logo registrado del sistema de la Comisión Electrotécnica Internacional para las Energías Renovables, el cual tendrá que aparecer en la traducción al castellano tal cual. Por su parte, en la esquina opuesta, se refleja el número del certificado emitido por dicho organismo, que tampoco tendrá que cambiarse.

Un poco más abajo, a la izquierda, lo que aparece en letras azules debajo del logo ya mencionado resulta la explicitación en inglés de lo que significan las letras del logo: «IECRE – IEC System for Certification to Standards Relating to Equipment for Use in Renewable Energy Applications», que en castellano resulta «IECRE – Sistema de la CEI para Certificación a Estándares relacionados con Equipos para Uso en Aplicaciones de Energía Renovables».[10] A su derecha, también en azul, vemos el título del documento «Component certificate» y, abajo, «Wind Turbine». La traducción al castellano de estos dos

[10] https://cornelec.cl/2018/08/25/la-certificacion-iecre-eleva-el-estandar-en-la-industria-de-energias-renovables/.

sintagmas se corresponde respectivamente con «Certificado de conformidad», de acuerdo con lo ya explicado al respecto (documento que da cuenta del estado y la calidad de un determinado objeto o proyecto de acuerdo con las normas internacionales establecidas al respecto); y «Aerogenerador». Existen otros términos para referirse en castellano a este componente («turbina eólica» o «molino eólico», por ejemplo). Se ha elegido «aerogenerador», sin embargo, debido a que, además de resultar el término más popular en las búsquedas en Google[11] (4 920 000 resultados frente a 4 160 000 de «turbina eólica» o 2 050 000 de «molino eólico»), es también el más frecuente en los documentos consultados relacionados con esta temática procedentes de empresas españolas.

A continuación, pasaremos a analizar lo que constituye el cuerpo del documento, dividido a su vez en tres secciones. La primera de ellas, la superior, tiene dos partes: una común a todos los certificados de conformidad de este tipo, a la derecha, y otra, específica para este aerogenerador concreto, en el cuadro de la izquierda, en azul. En la parte común vemos tres frases, de las cuales se ofrece una posible traducción en la siguiente tabla:

EN	ES
This certificate is issued to	Certificado expedido para
for the component	en relación con el componente
wind turbine class (class, standard, year)	clase de aerogenerador (clase, norma y año)

La información que encontramos a la derecha, en ese primer cuadro azul, se corresponde con:

1. El nombre de la empresa que solicita el certificado y su dirección; en este caso, MHI Vestas Offshore Wind A/S. Habrá que prestar especial atención al nombre de ciudades y países para traducirlos adecuadamente y no dejarlos en inglés cuando exista una denominación acuñada en castellano.
2. Los detalles sobre el componente en cuestión: «V164-9.5 MW rotor nacelle assembly with rated output power of 9.525 MW and load modes

[11] A fecha de 19 de diciembre de 2022.

down to 9.0 MW». Lo que esta sucesión de números y letras viene a decir es lo siguiente:

EN	ES
V164-9.5 MW	el componente tiene 164 metros de diámetro (de rotor) y 9,5 megavatios de potencia
rotor nacelle assembly	el componente en cuestión es un aerogenerador formado por un conjunto de góndola y rotor
with rated output power of 9.525 MW	su potencia nominal es de 9,525 megavatios
load modes down to 9.0 MW	en modo de potencia mínima puede reducirse hasta los 9 megavatios

3. Información sobre la clase de aerogenerador.

EN	ES
WT class S	Clase S Existen turbinas de clase I, II, III y S[12]
IEC 61400	(norma con la que cumple) IEC61400[13]
-1:2005+Amd1:2010	existen dos normas complementarias a la IEC61400, la cual tiene una tercera edición en 2005 y una enmienda posterior de 2010[14]

En la segunda parte del documento, encontramos dos frases, a las que siguen cinco referencias a cinco documentos distintos, citados con su número identificativo y su fecha de emisión.

La primera frase que aparece en esta parte del documento es la siguiente: «This certificate is transferred from IEC 61400-22 to IECRE and attests compliance with IEC 61400 Series as specified in subsequent pages». El uso de la forma verbal «to be transferred», en este contexto, hace referencia al

12 Véase Zhang (2015).

13 Sobre esta norma, véase: http://wiki.dergridrequirements.net/index.php?title=IEC_61400-1:2005%2BAMD1:2010.

14 http://wiki.dergridrequirements.net/index.php?title=IEC_61400-1:2005%2BAMD1:2010.

reconocimiento de la correspondencia entre normas IEC y el sistema de la CEI de certificación para las energías renovables. De ahí que una propuesta de traducción al castellano para la anterior frase pudiera ser: «El presente certificado da fe de la correspondencia entre la norma IEC 61400-22 y el sistema IECRE y sirve como prueba de la conformidad con las normas de la Serie 61400 del sistema de la CEI, de acuerdo con lo especificado en las páginas siguientes».

A continuación, encontramos las referencias a cinco documentos concretos sobre los que se basa la emisión del certificado de conformidad para avalar el mencionado reconocimiento. Partiendo de la base de que un «conformity statement» se corresponde con una «declaración de conformidad», la traducción de los siguientes segmentos podría ser así:

EN	ES
Design basis evaluation conformity statement	Declaración de conformidad de evaluación de base de diseño
Design evaluation conformity statement	Declaración de conformidad de evaluación de diseño
Type test conformity statement	Declaración de conformidad del tipo de prueba
Manufacturing conformity statement	Declaración de conformidad de fabricación
Final evaluation report	Informe de evaluación final

Por otro lado, la información que encontramos en esta parte, a la derecha, en el cuadro azul, se corresponde, como ya se señaló, con los números de referencia de los documentos citados (cuatro declaraciones de conformidad y un informe), así como con la fecha de cada uno. Habrá que tener cuidado y no olvidar la convención en países de habla hispana, en los que normalmente se respeta el orden ascendente (día, mes y año), aunque también es posible mantener el orden inverso. En cuanto al símbolo usado para separar las fechas escritas enteramente con números, estos se pueden separar bien con guiones, con puntos o barras o sin espacios de separación.

En relación con la tercera parte de la sección central del documento, a diferencia de en las dos anteriores, ya no existen cuadros azules. Lo que encontramos en esta parte son tres fases a través de las que se aporta más información sobre el propio certificado de conformidad en sí. Veamos, a continuación, esas tres frases y cómo pueden ser resueltas en castellano:

EN	ES
The conformity evaluation was carried out in accordance with the rules and procedures of the IECRE System www.iecre.org	La evaluación de la conformidad se ha llevado a cabo de acuerdo con las normas y procedimientos del Sistema IECRE www.iecre.org
The rotor nacelle assembly component specification begins on page 2 of this certificate.	Las especificaciones del componente (conjunto de góndola y rotor) comienzan en la segunda página del presente certificado.
Changes in the system design or the manufacturer's quality system are to be approved by the Certification Body. Without approval, the certificate loses its validity.	Cualquier cambio en el diseño del sistema o en el sistema de calidad del fabricante ha de ser aprobado por el organismo de certificación. Sin dicha aprobación, el presente certificado carece de validez.

Por último, en la parte inferior del documento, en color azul, el certificado ofrece información relacionada tanto con la fecha de caducidad del certificado, como información relativa al órgano emisor. Así, a la izquierda, encontramos la siguiente frase, que podría ser traducida de la manera siguiente:

EN	ES
This certificate is valid until:	Este certificado es válido hasta:

Tras lo cual, se muestra su fecha de caducidad, que tendrá que respetar el mismo formato que se eligió para escribir las fechas de las declaraciones de conformidad y del informe aludidos en el cuadro azul de la parte central del documento.

A continuación, aparece la información acerca del órgano que emite el certificado y su representante en este asunto.

EN	ES
Approved for issue on behalf of the IECRE Certification Body:	Aprobado por el Organismo de certificación del IECRE:

A esto le siguen las firmas de las personas responsables de la emisión del certificado y algunos datos relativos a ellas, en concreto, a su posición en el organismo:

EN	ES
Project Manager / Service Line Leader	Gestor de proyectos / Jefe de líneas de servicio
Type Certification	Modelo de certificación
Hellerup 2018-12-13	Hellerup, 2018-12-13

A la derecha del documento, por último, podemos ver el logo de la empresa emisora del certificado de conformidad, DNV GL, de la que ya se habló en el apartado 2.1, y de la que se ofrece información concreta sobre el departamento que emite el certificado y su ubicación:

EN	ES
Renewables Certification	Certificado de energías renovables
Brooktorkai 18 20457 Hamburg, Germany	Brooktorkai 18 DE20457 Hamburgo Alemania

Habrá que prestar particular atención a la hora de traducir direcciones y números de teléfono y recordar que el receptor de la traducción puede necesitar ponerse en contacto con la empresa o la persona en cuestión desde un país distinto al aludido. Por ese motivo, siempre es recomendable incluir prefijos internacionales telefónicos, así como letras indicativas de los códigos postales, entre otros datos de utilidad para el receptor de la traducción.

3. Propuesta de soluciones y herramientas

Como bien apunta Gamero (1998, 2001), el principal problema a la hora de traducir textos técnicos es de orden conceptual y reside en el conocimiento que se tenga del campo temático determinado, más que de la terminología específica del texto en cuestión. Por ello, resulta vital para el traductor estar informado de todo lo referente al tema del texto que ha de ser traducido y, muy especialmente, de las novedades que tengan que ver con él.

Para facilitar la traducción entre inglés y español de textos técnicos sobre energías renovables, se ofrece a continuación un pequeño listado de herramientas útiles, que podrían dividirse en, por un lado, fuentes de consulta especializadas y generales (tesauros y bases de datos terminológicas, diccionarios, glosarios, etc.); y por el otro, fuentes de documentación especializadas en inglés y en castellano.

a) Tesauros y bases de datos terminológicos generales.
   - IATE (https://iate.europa.eu/home) es la base de datos terminológica de la Unión Europea. Se actualizada constantemente y recoge términos pertenecientes a todas las especialidades, por lo que representa la primera fuente a la que acudir siempre.
   - EuroVoc (https://eur-lex.europa.eu/), el tesauro multilingüe y multidisciplinario de la UE, en el que se organiza el contenido de los documentos de EUR-Lex (legislación y documentos relacionados de la UE). Al igual que la IATE, se encuentra actualizado y engloba términos de temática muy variada. Uno de sus campos temáticos es el medioambiente, que se divide a su vez en los siguientes subcampos: política del medio ambiente, medio natural y deterioro del medio ambiente. También recoge el campo temático de la energía, con el subcampo energía blanda que a su vez se divide en: bioenergía, biogás, energía eólica, energía geotérmica, energía hidráulica, energía renovable, energía solar, energía térmica y energía marina.
   - TERMIUM Plus (www.btb.termiumplus.gc.ca) es el banco de datos terminológicos y lingüísticos del Gobierno de Canadá. En el campo de *Mechanics and heat* hay un subcampo denominado *Renewable energy*.
   - Vocabulario técnico de energías renovables. Solar, eólica e hidráulica. Inglés-Español Español-Inglés (https://static.lexicool.com/dictionary/VN8GO28431.pdf). No está actualizado (es un PDF publicado en 2004), pero presenta una extensión considerable (229 páginas) y recoge muchos términos relacionados con la energía eólica.

b) Fuentes especializadas.
   - En clave de Ciencia (https://enclavedeciencia.rae.es/) es la plataforma de apoyo lingüístico para la comunicación científica y tecnológica, desarrollada conjuntamente por la Real Academia Española (RAE) y la Fundación Española para la Ciencia y la Tecnología (FECYT), dependiente del Ministerio de Ciencia e Innovación. Dos de los recursos más útiles para el caso que nos ocupa son los siguientes:
     - Corpus científico-técnico generado a partir de recursos de la Real Academia de la Lengua Española y de la Fundación Española para la Ciencia y la Tecnología (FECYT).
     - DEIng, diccionario de ingeniería con equivalentes en inglés.
   - Glosario en inglés sobre energías renovables realizado por la asociación americana Clean Energy Resource Teams dedicada a ayudar a ciudadanos, en concreto de Minessota, a poner en funcionamiento proyectos de energía limpia (cleanenergyresourceteams.org/glossary).
   - Glosario en inglés de la Administración de Información Energética de los Estados Unidos (EIA, por sus siglas en inglés), que es el organismo encargado de los estudios de análisis y estadística del Departamento de Energía de los Estados Unidos (https://www.eia.gov/tools/glossary/?id=renewable). En las páginas de ambos sitios (https://www.eia.gov/ y https://www.energy.gov) se pueden encontrar multitud de recursos documentales en inglés relacionados con las energías renovables.

c) Fuentes de documentación en inglés.
   - Página web de IRENA, Agencia Internacional de las Energías Renovables (irena.org), creada en 2009 y con sede en Abu Dabi, cuyo objetivo es promover y apoyar la adopción y el uso sostenible de las energías renovables.
   - Página web del Consejo Empresarial Mundial para el Desarrollo Sostenible, también conocida por sus siglas en inglés WBCSD (https://www.wbcsd.org/). Es una organización creada en 1985 a partir de la fusión del Consejo Empresarial para el Desarrollo Sostenible y el Consejo Mundial de la Industria para el Medio Ambiente con sede en Ginebra y oficina en Washington, integrada por unas 200 empresas que trabajan con el sector empresarial por el desarrollo sostenible. En su sección sobre «Climate and Energy» existe bastante material en

inglés que puede servir para familiarizarse con el tema (https://www.wbcsd.org/Programs/Climate-and-Energy).

- Página web del Instituto de Recursos Humanos, o World Resources Institute (https://www.wri.org/), una organización independiente sin ánimo de lucro que tiene como objetivo desarrollar políticas que protejan la Tierra y mejoren la vida de las personas en distintas áreas, entre ellas, la energía limpia.
- Página web de la revista Renewable Energy (https://www.renewableenergymagazine.com/), publicación en línea especializada en el tema de las energías limpias. Cuenta con una sección dedicada a la energía eólica. Tiene su equivalente en castellano (véase en el siguiente apartado).
- Página web de REN21 (https://www.ren21.net/), organización internacional con sede en Francia que aúna a entes públicos y privados con el objetivo de guiar la adopción de políticas y proyectos de energías renovables. En su página ofrecen glosarios y listados de abreviaturas, además de enlaces a informes y otros documentos de utilidad.
- Diccionario sobre energía renovable de Appropedia: https://www.appropedia.org/Renewable_Energy_Dictionary. Appropedia es una wiki dedicada a la sostenibilidad, la reducción de pobreza y el desarrollo internacional. Sin ser excesivamente extenso, engloba términos especializados y ofrece su traducción al castellano.

d) Fuentes de documentación en castellano.
   - Página web de la Corporación Financiera Internacional (https://www.ifc.org/), institución perteneciente al Banco Mundial, creada en 1956, de la que forman parte 184 países miembros de todo el mundo. Tiene su sede en Washington y su objetivo consiste en apoyar a países para que logren un desarrollo económico sostenible a través del sector privado, así como también ofrecer servicios de asistencia técnica y asesoría para dicho sector, el privado, en países en desarrollo. El tema de las energías renovables es uno de sus campos de especialización y la IFC elabora la mayoría de sus documentos en varios idiomas, entre los que se encuentran el inglés y el castellano. Por este motivo, su sección de directrices sobre asuntos relacionados con el medioambiente, la salud y la seguridad (www.ifc.org/ehsguidelines) resulta una fuente imprescindible a la hora de encontrar textos paralelos en inglés y

en castellano sobre esta temática. Igualmente, la sección dedicada a normas de rendimiento (www.ifc.org/performancestandards), disponible también en inglés y en castellano, es de extrema utilidad, si bien es cierto que no se encuentra actualizada.

- Página web de la revista *Energías renovables* (www.energias-renovables.com). Al igual que el equivalente en inglés, presenta una sección dedicada a energía eólica. En ambos sitios, pueden encontrarse numerosos enlaces a otras páginas especializadas en las que localizar numerosos recursos y documentos.
- Páginas webs de las principales empresas de energías renovables españolas: Iberdrola Renovables (https://www.iberdrolarenovablesenergia.es/home), Acciona Energía (https://www.acciona-energia.com), Siemens-Gamesa (https://www.siemensgamesa.com), Naturgy (https://www.naturgy.es/), etc.

4. Conclusión

A lo largo de estas páginas, se ha llevado a cabo el estudio de un texto técnico especializado perteneciente al campo de las energías renovables; en concreto, un certificado de conformidad de un aerogenerador redactado en lengua inglesa. Por tratarse de un documento frecuente (en cuanto a su producción), pero que tradicionalmente se maneja en España en su versión original en inglés y no en su traducción al castellano, el objetivo del presente estudio pasa, primeramente, por sentar las bases para posibilitar una traducción de calidad al castellano, lo cual redundaría, indudablemente, en beneficio de los trabajadores del sector que tienen que lidiar con este tipo de documentos.

Además, con este estudio se pretende también contribuir a la producción científica dedicada a la traducción de textos técnicos especializados y, más concretamente, pertenecientes a la temática de las energías renovables. Otra de sus posibles utilizaciones consistiría en la creación de repertorios específicos para la traducción de documentos de esta temática y género, habida cuenta de la evidente falta de recursos actuales. Es de esperar, pues, que las ideas, indicaciones y sugerencias aquí propuestas puedan resultar útiles tanto a profesores como a estudiantes de traducción, bien de los últimos años de grado, como igualmente de cursos de posgrado o de especialización.

Referencias bibliográficas

Byrne, J. (2012). *Scientific and technical translation explained.* Manchester: St. Jerome. Publishing.

BP (2019). *BP Energy Outlook 2019.* Recuperado de https://www.bp.com/es_es/spain/home/noticias/notas-de-prensa/bp-energy-outlook-2019.html.

Brauer, C. (2018). La traducción del cambio climático: reflexiones con motivo del Día internacional de la traducción 2018. *UN CC: Learn.* Recuperado de https://medium.com/@uncclearn/la-traducci%C3%B3n-del-cambio-clim%C3%A1tico-reflexiones-con-motivo-del-d%C3%ADa-internacional-de-la-traducci%C3%B3n-4a4423bf5489.

Canadell Giralt, C. (2016). *La formación en traducción técnica en España.* Trabajo final de grado. Universidad Autónoma de Barcelona.

Diéguez Morales, M. I., Lazo Rodríguez, R. M. y Quezada Gaponov, C. (2014). *Estudio de mercado de la traducción en Argentina, Chile y España: perfil académico y profesional de los traductores. Onomázein*, *30*, pp. 71–89.

Directiva del Parlamento Europeo y del Consejo COM/2021/557 final relativa al fomento del uso de energía procedente de fuentes renovables. Recuperado de https://eur-lex.europa.eu/legal-content/EN/TXT/?uri=CELEX%3A52021PC0557.

Defez Candel, E. y Soler Basauri, V. (2013). *Introducción al cálculo integral.* Valencia: Editorial Universitat Politècnica de València.

Ferrer Aguilar, A. (2021). Las energías renovables, el cambio climático y nuestra profesión. *La linterna del traductor, 23.* Recuperado de http://lalinternadeltraductor.org/n23/energias-renovables-traduccion.html.

Gamero Pérez, S. (1998), *La traducción de textos técnicos alemán-español: géneros y subgéneros*. Barcelona: Publicacions de la Universitat Autònoma de Barcelona.

Gamero Pérez, S. (2001). *La traducción de textos técnicos. Descripción y análisis de textos (alemán-español).* Barcelona: Ariel.

IECRE (2014). *IEC System for Certification to Standards Relating to Equipment for Use in Renewable Energy Applications (IECRE System). Basic Rules*. Recuperado de https://webstore.iec.ch/preview/info_iecre01%7Bed1.0%7Den.pdf.

Jiménez Serrano, Ó. (2002). *La traducción técnica inglés-español: didáctica y mundo profesional.* Granada: Comares.

Maillot, J. (1997). *La traducción científica y técnica.* Madrid: Editorial Gredos.

Morningside. The role of translation in fighting climate change. *Insights from Morningside* (9 de enero de 2018). Recuperado de https://www.morningtrans.com/the-role-of-translation-in-fighting-climate-change/.

Rico Pérez, C. y García Aragón, Á. (2016). *Análisis del sector de la traducción en España (2014–2015).* Universidad Europea, Villaviciosa de Odón.

Sánchez Cárdenas, B. y López Rodríguez, C. I. (2020). *Retos de la traducción científico-técnica: Teoría, metodología y recursos.* Granada: Comares.

Zhang Huaiquan, M. (2015). *Appendix II. Wind Resource Assessment and Micro-siting. Science and Engineering.* China Machine Press. Recuperado de https://onlinelibrary.wiley.com/doi/pdf/10.1002/9781118900116.app2.

Anexo I – Texto original

IECRE

Certificate No.

IECRE.WE.CC.18.0003-R0

IECRE - IEC System for Certification to Standards Relating to Equipment for Use in Renewable Energy Applications

COMPONENT CERTIFICATE

Wind Turbine

This certificate is issued to	MHI Vestas Offshore Wind A/S Dusager 4 8200 Aarhus N Denmark
for the component	V164-9.5 MW rotor nacelle assembly with rated output power of 9.525 MW and load modes down to 9.0 MW
wind turbine class (class, standard, year)	WT class S, IEC 61400-1:2005 + Amd1:2010

This certificate is transferred from IEC 61400-22 to IECRE and attests compliance with IEC 61400 Series as specified in subsequent pages. It is based on the following reference documents:

Design basis evaluation conformity statement Dated	DB-DNVGL-SE-0074-03250-3 2018-11-30
Design evaluation conformity statement Dated	DE-DNVGL-SE-0074-03251-3 2018-11-30
Type test conformity statement Dated	TT-DNVGL-SE-0074-03252-3 2018-11-30
Manufacturing conformity statement Dated	ME-DNVGL-SE-0074-03253-3 2018-11-30
Final evaluation report Dated	FER-CC-DNVGL-SE-0074-03249-3 2018-11-26

The conformity evaluation was carried out in accordance with the rules and procedures of the IECRE System www.iecre.org

The rotor nacelle assembly component specification begins on page 2 of this certificate.

Changes in the system design or the manufacturer's quality system are to be approved by the Certification Body. Without approval, the certificate loses its validity.

This certificate is valid until:
2022-12-15

Approved for issue on behalf of the IECRE Certification Body:

Johan Olaison / Christer Eriksson:
Project Manager / Service Line Leader, Type Certification
Hellerup 2018-12-13

DNV·GL

Renewables Certification
Brooktorkai 18
20457 Hamburg, Germany

Anexo II – Texto meta

IECRE

Certificado N.º

IECRE.WE.CC.18.0003-R0

IECRE – Sistema de la CEI para certificación de normas relacionadas con equipo para uso en aplicaciones de energía renovable

CERTIFICADO DE CONFORMIDAD

Aerogenerador

Certificado emitido a	MHI Vestas Offshore Wind A/S Dusager 4 8200 Aarhus N Dinamarca
para el componente	Conjunto rotor-góndola de 164 m diámetro de rotor y 9,5 MW de potencia (9,525 MW de potencia nominal, con reducción a 9 MW en motor de potencia mínima)
clase, norma, año	clase S, IEC 61400-1:2005 + Amd1:2010

Este certificado da fe de la correspondencia entre la norma IEC 61400-22 y el sistema IECRE y sirve como prueba de la conformidad con las normas de la serie IEC 61400 del sistema de la CEI, de acuerdo con lo especificado en los documentos de referencia:

Conformidad de evaluación de base de diseño Fecha	DB-DNVGL-SE-0074-03250-3 2018-11-30
Conformidad de evaluación de diseño Fecha	DE-DNVGL-SE-0074-03251-3 2018-11-30
Conformidad del tipo de prueba Fecha	TT-DNVGL-SE-0074-03252-3 2018-11-30
Conformidad de fabricación Fecha	ME-DNVGL-SE-0074-03253-3 2018-11-30
Informe de evaluación final Fecha	FER-CC-DNVGL-SE-0074-03249-3 2018-11-26

La evaluación de la conformidad se ha llevado a cabo de acuerdo con las normas y procedimientos del sistema IECRE: www.iecre.org

Las especificaciones del componente conjunto rotor-góndola empiezan en la página 2 de este certificado.

Cualquier cambio en el diseño del sistema o en el sistema de calidad del fabricante ha de ser aprobado por el organismo de certificación. Sin dicha aprobación, el presente certificado carece de validez.

Certificado válido hasta:
2022-12-15

Aprobado por el organismo de certificación de IECRE:

Johan Olaison / Christer Eriksson:
Project Manager / Service Line Leader,
Modelo de certificación
En Hellerup [Alemania], 2018-12-13

DNV·GL

Renewables Certification
Brooktorkai 18
20457 Hamburgo, Alemania

Generación de una plantilla de redacción de especificaciones técnicas de impresoras 3D: un estudio basado en corpus

*Ángela Luque Giráldez**

RESUMEN
Este capítulo tiene el objetivo de estudiar la especificación técnica como tipología textual. La especificación técnica es un texto que acompaña a todo producto electrónico, ya que se trata de uno de los documentos prescindibles para su venta. Sin embargo, aun siendo un documento necesario, encontramos una escasez de información sobre este y sus características. Por ello, se dedicará el presente capítulo a la reflexión de la especificación técnica y de su clasificación dentro de los textos técnicos y, en consecuencia, describiremos sus características y rasgos que los diferencian de otros textos, como la descripción técnica o el manual de instrucciones. Para completar esta descripción también llevaremos a cabo un análisis exhaustivo de la estructura de la especificación técnica en tres niveles —superestructura, macroestructura y microestructura— que realizaremos con ayuda del corpus ES3DCOR. Este corpus ha sido compilado con anterioridad para ser utilizado como recurso terminológico, fraseológico y gramatical y contiene 72 especificaciones técnicas de impresoras 3D en español. Será explotado con el programa de gestión de corpus AntConc, a través de sus distintas funciones, para así estudiar cuáles son las estructuras y términos más frecuentes en la especificación técnica. Por último, una vez que estas se analicen, se creará con ayuda de Excel una plantilla de redacción en español destinada al uso por comercializadores de impresoras 3D. Esta plantilla estará disponible para su descarga.

Palabras clave: corpus virtual, traducción técnica, plantilla de redacción, especificación técnica, impresoras 3D

ABSTRACT
This chapter has the purpose of studying technical specifications from a textual typology point of view. Technical specifications are necessary texts that go with electronical products, in order to provide information and instructions. For this study, we found a lack of information regarding its typology and characteristics. This is the reason why we will study the technical specifications as a genre and its classification within technical texts. In consequence, we will also describe the characteristics that differentiate them from other texts, for example user manuals or technical descriptions. We will analyse in depth technical specifications' structure that is divided in three levels —superstructure, macrostructure, and microstructure— by using ES3DCOR corpus. This corpus has been compiled previously to be used as a terminological, phraseological, and grammatical resource. It contains 72 technical specifications of 3D printer in Spanish. It will be exploded

* Oxford Brookes University, aluque-giraldez@brookes.ac.uk

with AntConc, a corpus management program. By using its different functions, the structure and terminology will be examined. Once this step is completed, the most frequently used structure and terminology will be added to a writing template. This template will be designed to be as accurate as possible and additionally it will be available for download.

Keywords: virtual corpus, technical translation, writing template, specifications, 3D printer

1. Introducción

Desde hace más de 30 años, investigadores y científicos han trabajado en una tecnología que es capaz de crear objetos tridimensionales con un software y un hardware. Esta tecnología es conocida como impresión 3D y ha cambiado el panorama industrial. La impresión 3D se ha desarrollado tan rápido que se encuentra al alcance de muchas empresas, universidades y usuarios comunes. Son muchas las ventajas que trae la fabricación aditiva, como la reducción de los costes, la optimización de los tiempos de producción o el uso de materiales sostenibles.

Una vez que esta tecnología se ha vuelto asequible, la compraventa de estos productos ha seguido aumentando (TMT Deloitte, 2019) y, sin duda, esta situación ha contribuido al aumento de las traducciones técnicas, especialmente, de sus manuales de instrucciones y especificaciones técnicas —en las que recae nuestro interés—.

Las especificaciones técnicas son un tipo de texto especializado que también se puede denominar *fichas técnicas* u *hojas de datos*. Sin embargo, diversos especialistas, como Gamero (2001), difieren sobre su clasificación, pues, en ocasiones interpretan que es un género por sí mismo dentro del ámbito técnico, en otras las identifican como un subgénero y, en ocasiones, ni siquiera se recoge dentro de las clasificaciones existentes de textos técnicos. Tal y como apunta García Izquierdo (2007), el género textual no es un elemento estático, sino que se modifica constantemente para que sea más sencillo clasificar los textos más específicos en el género correspondiente. Por ello, el presente trabajo tiene como objetivo describir las principales características y la estructura de la especificación técnica, para enmarcarla dentro de una clasificación de textos técnicos y, así, poder crear también una plantilla de redacción.

2. Descripción de especificación técnica

Las especificaciones técnicas son documentos que aportan información del fabricante de un producto, en los que se describen sus componentes, características y funcionamiento (DRAE). En esta misma línea, Byrne (2012) también define la especificación técnica como un documento que contiene las características principales, la composición y las aplicaciones de un producto, a la par que aporta información detallada sobre una serie de aspectos de este. Así, su función principal es servir como referente a la hora de consultar si un producto cumple los requisitos necesarios para la aplicación deseada y su comparación con otros productos.

Las especificaciones técnicas pueden encontrarse disponibles para descarga o consulta en las páginas web de las empresas comercializadoras de productos de carácter técnico. Asimismo, es frecuente que estas empresas lo hagan en diversos países, por lo que contarán con traducciones de sus documentos en varias lenguas. Este es uno de los motivos por los que la especificación técnica se considera un tipo de documento que genera gran demanda en el mercado de la traducción. Además, cabe destacar que su traducción es exigida por imperativo legal; en concreto, la implantación de la normativa *Decisión N.º 768/2008/CE del Parlamento Europeo y del Consejo de 9 de julio de 2008 sobre un marco común para la comercialización de los productos y por la que se deroga la Decisión 93/465/CEE del Consejo*[1] regula la comercialización de productos en la Unión Europea. En el artículo R19 del capítulo 3, se indica que toda descripción técnica deberá traducirse a la lengua o lenguas requeridas por el Estado miembro en el que se introduzca o se comercialice el producto.

3. La especificación técnica como género

Silvia Gamero, una de las autoras más reconocidas en el ámbito de la traducción técnica en España, cuenta con una de las clasificaciones de textos técnicos más completas que existen hasta la fecha (vid. Gamero, 2001). Sin embargo, en su clasificación no recoge expresamente la especificación técnica; aunque, sí menciona las «características técnicas» que, por su descripción, podría interpretarse como sinónimo de especificación técnica, pero que la autora no considera como un género en sí mismo, sino que entiende que forman parte de los manuales de instrucciones, es decir, como un subgénero de estos.

---

1 La normativa *Decisión N.º 768/2008/CE del Parlamento Europeo y del Consejo de 9 de julio de 2008 sobre un marco común para la comercialización de los productos y por la que se deroga la Decisión 93/465/CEE del Consejo* puede consultarse en https://eur-lex.europa.eu/eli/dec/2008/768(1)/oj.

El manual de instrucciones es un género técnico exhortativo conocido también como *manual de usuario*, *instrucciones de uso* o *modo de empleo*, y puede estar dirigido tanto a un público especializado como a un público general. Estos suelen acompañar a productos de todo tipo, como electrodomésticos, telefonía, productos informáticos, etc. El proceso de traducción de estos textos abarca gran parte del mercado de la traducción técnica, tal y como señala la European Union of Associations of Translation Companies (EUATC, 2018). Esta asociación afirma que, en Europa, la manufacturación es una de las áreas que más traducción genera, siendo el segundo campo más traducido por empresas de traducción y el tercero por traductores autónomos. Además, este tipo de texto presenta rasgos intratextuales diferentes y subgéneros como, por ejemplo, manuales destinados a un público general y manuales dirigidos a un usuario especializado e, incluso, dentro de los manuales para usuarios especializados, difieren aquellos dirigidos a operarios de aquellos dirigidos a ingenieros.

En otro orden de cosas, cabe destacar que Gamero (2001), en su clasificación de textos técnicos, también incluye otro término conocido como «descripción técnica», que sí considera como un género técnico expositivo dirigido únicamente al usuario especializado, en cuyo contenido se encuentran las características de un producto, pero su uso es interno en una empresa. Sin embargo, en este caso no lo entendemos, por sus características, como un sinónimo de especificación técnica.

Por nuestra parte, entendemos que la especificación técnica no debería considerarse como un subgénero, sino como un género por sí mismo, pues tiene una estructura y unas características prototípicas y una identidad propia, igual que ocurre con los manuales o la descripción técnica. Para apoyar esta idea, recurrimos de nuevo a las palabras de Gamero (2001), quien indica que las características de un género técnico son las siguientes: un emisor especialista; un receptor que puede ser especialista o novel; un modo escrito, oral o audiovisual; uno o dos focos contextuales (exhortativo o expositivo); y un funcionamiento textual interno relativamente fijo y normalizado. De esta manera, la especificación técnica es emitida por la empresa que crea el producto (un especialista), está dirigida a un lector normalmente familiarizado con el ámbito (receptor semiespecializado); su modo es escrito; su foco contextual es expositivo; y su funcionamiento textual es relativamente interno y normalizado, ya que consta de una estructura propia y organizada.

Con la finalidad de demostrar que la especificación técnica se trata efectivamente de un género, a continuación, profundizaremos en el siguiente subapartado en dos de sus características: el foco textual y su estructura.

3.1. Características

Sin duda, algunas de las características mencionadas por Gamero (2001) se cumplen en la especificación técnica, como, por ejemplo, el modo escrito o el funcionamiento interno y normalizado, pero, en cuanto al foco textual y a la estructura, será necesario ahondar en estas características. En primer lugar, trataremos el foco textual y, en segundo lugar, la estructura. Esta última será analizada en tres niveles, a saber, superestructura, macroestructura y microestructura.

3.1.1. Foco textual

En el proceso de comunicación, podemos distinguir, por un lado, al emisor del texto que será el fabricante del producto y quien hará llegar el mensaje al receptor a través de distribuidores y empresas de venta; y, por otro lado, al receptor que será, por lo general, un lector semiespecializado interesado en conocer las especificaciones de un producto antes de adquirirlo o al aplicarlo. De este modo, se entiende que el receptor debe tener unos conocimientos previos para manejar los términos propios del campo e interpretar la información omitida o condensada. Así, Olohan (2015) apoya esta idea describiendo al receptor como un lector familiarizado con términos sobre materiales, propiedades, componentes, técnicas, equipos, etc. con un nivel de detalle y precisión superior al de un usuario común.

3.1.2. Estructura

Con el fin de estudiar la estructura de las especificaciones técnicas nos apoyaremos en el corpus ES3DCOR (Luque-Giráldez y Seghiri, 2021)[2]. Este corpus de elaboración propia[3] está formado por 72 especificaciones técnicas en español

[2] En el citado estudio, las autoras llevan a cabo un análisis fraseológico de colocaciones y locuciones basado en el corpus ES3DCOR.

[3] Para más información en torno a la creación y compilación del corpus ES3DCOR, véase Luque Giráldez y Seghiri (2019, 2020, 2021a, 2021b y 2021c). En esta misma línea, y en torno a la metodología de compilación de corpus especializados, véanse los trabajos de Arce Romeral y Seghiri (2018, 2019, 2020a, 2020b, 2021a, 2021b y 2022), Pérez-Carrasco y Seghiri (2021a, 2021b y 2022), Seghiri (2019) o Seghiri y Arce (2021).

y 18 119 *tokens*. Ilustraremos el proceso de identificación y extracción de las distintas partes que forman la estructura de las especificaciones técnicas con el programa AntConc. Los términos y las estructuras más recurrentes que tengan una frecuencia de aparición mínima de 5 veces y que se utilicen por, al menos, dos marcas de impresora diferentes serán, asimismo, añadidos a la plantilla de redacción que implementaremos más adelante. Así pues, procederemos a estudiar la estructura de la especificación técnica en tres niveles: la superestructura, macroestructura y microestructura.

3.1.2.1. Superestructura

En primer lugar, hemos analizado la superestructura de la especificación técnica, es decir, la forma en la que se organiza la información en el texto, esto es, la estructura textual formal. Este género presenta una superestructura particular en comparación con otras tipologías de texto. Esta se divide en dos partes: el título y el cuerpo de texto. En ella, normalmente, no se incluye una introducción o una conclusión, pues la finalidad de este texto es la exposición directa de unos datos concretos para su consulta y su comparación con otros productos. A continuación, se mostrará un ejemplo de unas de las especificaciones técnicas (cfr. Figura 1):

Figura 1: Ejemplo de superestructura de una especificación técnica de impresoras 3D.

Como podemos observar, las especificaciones de impresoras 3D suelen tener un título en el que se especifica el nombre del género. En este caso, por ejemplo, el título aparece bajo el nombre de «Especificaciones» —que en el corpus ES3DCOR cuenta con 53 ocurrencias— y, en otras ocasiones, se utiliza también «especificaciones técnicas» —que aparece un total de 18 veces— (cfr. Figura 2).

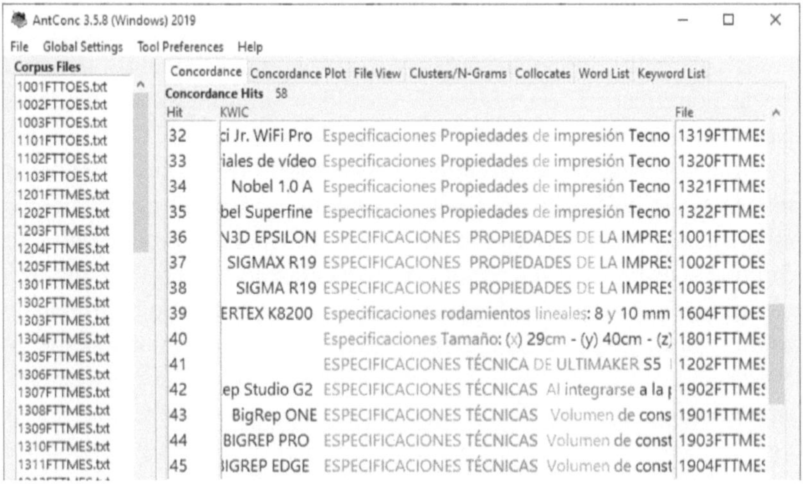

Figura 2: Frecuencia de aparición de los términos «especificaciones» y «especificaciones técnicas» en el corpus ES3DCOR.

Por otro lado, puede verse cómo el cuerpo de texto está estructurado en forma de listado (cfr. Figura 1). Entre los elementos que aparecen en el cuerpo, se distinguen, de forma general, elementos relacionados con la identificación del producto, la información comercial y la información técnica. La división de estos puntos en las especificaciones variará dependiendo del emisor de la impresora 3D, lo que examinaremos en los apartados de macroestructura y microestructura.

3.1.2.2. Macroestructura

En segundo lugar, hemos examinado la macroestructura, es decir, la estructura semántica del conjunto del texto. La macroestructura de las especificaciones técnicas no presenta una organización estándar en todos sus casos, ya que no es un documento de estructura rígida. Su contenido depende del producto en sí, aunque sí se da la repetición de los mismos elementos a lo largo de su contenido. Para tener una idea general de cómo es la macroestructura de la especificación técnica, tomaremos como punto de referencia los aspectos más comunes que distinguen Bruno *et al.* (2016) que son: identidad corporativa y de la marca; nombre de la empresa, logotipo, sitio web, detalles de contacto; título del documento y nombre y número de serie del producto; enumeración de propiedades físicas agrupadas (aspecto, materiales, dimensiones, etc.); rendimiento del producto (durabilidad, resistencia, capacidad, etc.); diagramas o tablas de datos técnicos;

recomendaciones de aplicación/uso del producto; normativa y pruebas para certificar la conformidad del producto; descarga legal; y, diagramas y tablas. Teniendo esta división en cuenta, será más sencillo identificar los distintos apartados en los que se divide la macroestructura en los textos del corpus ES3DCOR.

Primero, se han comparado todas las especificaciones técnicas para determinar si el cuerpo de estas se encuentra dividido en apartados y subapartados o si se trata simplemente de un listado de características. Hemos podido concluir que 45 de las 72 especificaciones técnicas presentan este tipo de división, mientras que 27 de ellas no lo hacen; son, efectivamente, solo un listado de características. Con este dato en mente, sabemos que predominantemente las especificaciones técnicas se dividen en apartados y consultaremos estas 45 para determinar cuál es la división más frecuente, apoyándonos también en las otras 27. Mediante el uso de las opciones *Clusters*, *Concordance* y *Concordance Plot* de AntConc, hemos podido identificarlas, extraerlas y compararlas y, entre todas, sobresalen 10 secciones, relativas a distintas características:

I. «**Propiedades de la impresión**»: término que se utiliza un número mayor de veces (x25) frente a otros como «Parámetros de funcionamiento» (x6), «Rendimiento de la impresora» (x4) o «Imprimir» (x3), como puede verse en la siguiente Figura (cfr. Figura 3):

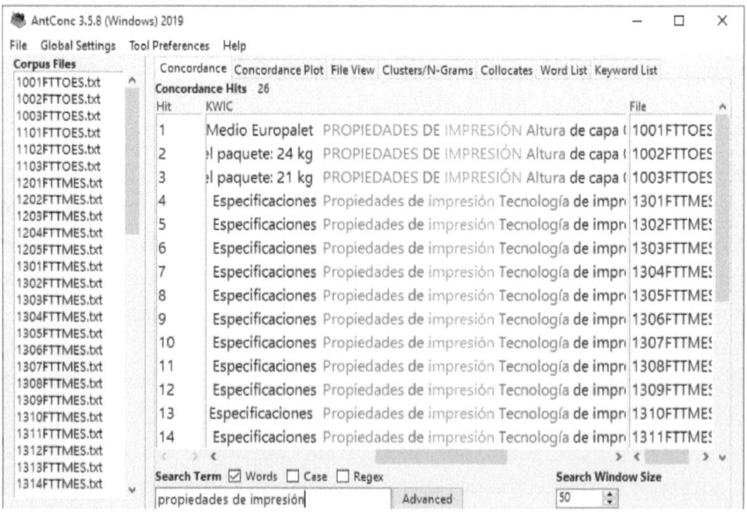

Figura 3: Búsqueda en el corpus ES3DCOR de «Propiedades de impresión» con la opción *Concordance* de AntConc.

Este apartado es el primero en la organización discursiva de la especificación técnica, pues gracias a la función *Concordance Plot* —que marca con una línea en qué parte del texto aparece un determinado término—, se ha verificado su ubicación en cada texto (cfr. Figura 4):

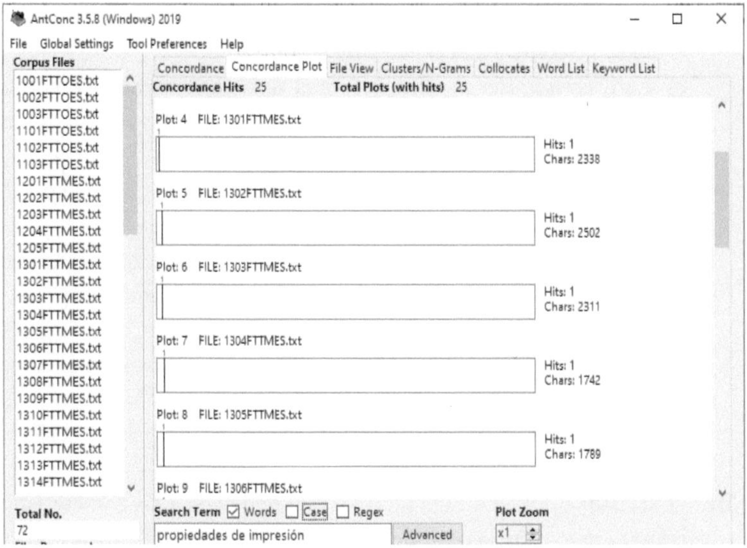

Figura 4: Búsqueda en el corpus ES3DCOR de «Propiedades de impresión» con *Concordance Plot* de AntConc.

En este primer apartado, se incluye información técnica de la impresora como, por ejemplo:

a) El tipo de tecnología de impresión que se utiliza; según los datos extraídos de ES3DCOR pueden ser dos: la «Fabricación de Filamento Fundido (FFF)» (x36) —cuya tecnología se basa en la expulsión de filamentos termoplásticos a través de una boquilla calentada que funde el material— o la «Estereolitografía» (x13) —que utiliza un láser para curar resina líquida y convertirla en plástico rígido—.
b) Las distintas características de la base de impresión, como el «Volumen de impresión» (x22) —unidad fraseológica que se utiliza con más frecuencia en comparación con otras, como «Volumen de construcción» (x4) o «Área de construcción» (x20)— ; las características de la

base que se utiliza para imprimir, llamada «Plataforma de impresión» (x47) —en comparación con «Base de impresión» (x13) o «Placa de impresión» (x10)—; además de su temperatura —«Temperatura de la plataforma de impresión» (x6)— ; y su velocidad —«Velocidad de impresión» (x10), que hace referencia al volumen que puede imprimir por segundo, y también la «Velocidad de movimiento» (x20), que hace referencia a la rapidez de su boquilla.

c) La precisión del movimiento y el posicionamiento: «Precisión del posicionamiento XY» (x40) y la «Precisión del posicionamiento Y» (x40), en lugar de «Resolución XYZ» (x8).
d) La calibración de la plataforma de impresión: «Calibración» (x26).

II. «**Dimensiones**»: término que se utiliza un total de 26 veces, como sus sinónimos «Dimensiones del producto» (x25) o «Tamaño y peso» (x23), también muy frecuentes. En este apartado destacan:

a) Las «Dimensiones del producto» (x25) y las «Dimensiones con embalaje» (x23).
b) El «Peso del producto» (x28) y el «Peso con embalaje» (x23).

III. «**Extrusor**»/«**Láser**»: Esta sección está dedicada a las características de la pieza que expulsa o modela el material para imprimir un prototipo. Como estas impresoras 3D pueden utilizar dos tecnologías diferentes, algunas características difieren. Por ejemplo, trataremos las características del «Extrusor» (x19) cuando la tecnología del producto sea de fabricación de filamento fundido y trataremos las del «Láser» cuando sea de estereolitografía.

a) Extrusor: esta pieza se encarga de empujar el filamento hasta la boquilla para así poder imprimir un modelo. Entre sus características destacamos: el «Diámetro de la boquilla» (x22), la cantidad de «Cabezales de extrusión» (x5), el «Número de boquillas» (x23), la «Temperatura de la boquilla» (x16) y el «Diámetro del filamento» (x26).
b) Láser: esta pieza se encarga de endurecer resina líquida para imprimir un modelo. Entre sus características destacamos: el «Tipo de láser» (x14), la «Fuente de luz» (x5), el «Producto láser de clase» (x6), el «Sistema de llenado de resina» (x8) y el «Cartucho de resina» (x5).

En este punto, hemos observado que la frecuencia de aparición de las características relacionadas con el láser era menor; esto se debe a que las impresoras 3D que puede adquirir un usuario común utilizan normalmente una tecnología de filamento (con un extrusor), por lo que el corpus ES3DCOR contiene más impresoras que utilizan esta tecnología.

IV. «**Material**»: término que cuenta con 22 ocurrencias, y posee otros sinónimos de menor aparición, como «Materiales de modelo» (x10) o «Materiales de impresión» (x3). A continuación, señalaremos las características de esta sección:
   a) «Material» (x22): la adición de este subapartado no se ha basado tanto en frecuencia de uso, sino en la necesidad de ayudar al usuario a indicar qué material puede manipular la impresora dependiendo de la tecnología utilizada y la pieza de la que esté provista. Así, si la impresora utiliza fabricación de filamento fundido y posee un extrusor, será «Filamento» (x130) y, si la impresora utiliza estereolitografía y un láser, será «Resina» (x33). El uso de un material u otro conlleva la especificación de unas características propias que desglosaremos en la siguiente secuencia:
      i. Para filamento, señalaremos características como «Diámetro del filamento» (x26) y «Bobina» (x10).
      ii. Para láser, señalaremos características como «Longitud de onda» (x14) y «Cartucho de resina» (x5).
   b) También es importante señalar la «Compatibilidad del material» (x26) que será con el que se imprima.
   c) Por último, se incluirá la «Compatibilidad del material de terceros» (x8), es decir, con productos de otras marcas.

V. «**Conectividad**»: término utilizado en más ocasiones (x42) que otros sinónimos, como «Comunicaciones» (x6). En este apartado, se detalla de qué forma podemos enviar información a la impresora 3D, como a través de «Wi-Fi» (x25), «Ethernet» (x24) o «LAN» (x12), «Cable USB» (x25), «Unidad flash USB» (x9) y «Tarjeta SD» (x15).

VI. «**Requisitos operativos**»: término elegido por su alta frecuencia de uso (x22); también se recogen otros de menor frecuencia, como

«Alimentación» (x5) o «Propiedades eléctricas» (x5). Hace referencia a las características básicas y necesarias para que pueda darse la impresión. Entre ellas, destacan:

a) Los «Requisitos de alimentación» (x30) y el «Consumo» (x11) eléctrico de la máquina.
b) La «Temperatura de funcionamiento» (x34); la «Temperatura ambiente» (x8) de la máquina, es decir, el lugar donde se encuentre; la «Temperatura de almacenamiento del filamento» (x19) o la «Temperatura de almacenamiento de la resina» (x5) —según su tecnología— ; y la «Humedad de funcionamiento» (x23).

VII. «**Software**»: se recoge este término con una frecuencia de 24 veces, frente a otros sinónimos de menor frecuencia, como «Propiedades de impresión» (x14) o «Ecosistema» (x5). Entre sus características principales, se distinguen:

a) El «Software de impresión» (x23), los «Sistemas operativos» (x37) y el «Firmware» (x17).
b) Los «Formatos de archivo admitidos» (x23) y la «Integración de complementos» (x5).
c) El «Idioma» (x23).

VIII. «**Hardware**»: tiene una frecuencia de aparición de 28 veces, en comparación con «Hardware recomendado» (x4) o «Mecánica general» (x6). Aquí podemos encontrar características relacionadas con el resto de los elementos físicos de la impresora, así como:

a) La «Estructura» (x7) —esta propiedad tiene una frecuencia baja de aparición, pero resulta necesaria su adhesión, ya que en casi todas las especificaciones técnicas se añaden características relacionadas con la estructura, aunque no se indique con un nombre—, la «Pantalla» (x31), el «Disco duro» (x51) o el «Procesador» (x20).
b) El «Sistema de alimentación del filamento» (x16) —si se trata de una impresora con estereolitografía— y el aprovisionamiento o no de unos «Motores paso a paso» (x41).

IX. «**Garantía**»: esta sección se incluye en 25 de los textos y en ella se indican distintos rasgos, entre ellos la duración de esta y otras condiciones para la devolución o reparación.

X. «**Certificaciones**»: este apartado cuenta con 13 ocurrencias en el corpus (por lo que revela que en varios textos no se ha incluido), pero en él se incluye información relevante a la validez del producto y a la calidad del sistema frente a un organismo oficial.

3.1.2.3. Microestructura

Tras haber examinado la macroestructura, será más sencillo analizar la microestructura de estos textos. Dada la naturaleza de las especificaciones técnicas, se puede observar, en primer lugar, la ausencia de oraciones completas con un verbo principal o conectores que enlacen las proposiciones. Toda la información se presenta en forma de listado, normalmente en dos columnas, o una proposición seguida de la otra de forma diferenciada: una de ellas menciona una característica general y la otra afirma, niega o completa con datos específicos. A continuación, ilustraremos este rasgo de las especificaciones técnicas (cfr. Figura 5):

MATERIALES

Diámetro del filamento
2,85mm

Materiales compatibles
PLA, PVA, PET-G, TPU, ABS, PP, PA.
Materiales rellenos de fibra. Sólo con Hotend X (0,6mm): PP GF30, PAHT CF15.

Sistema de filamento abierto
Sí

SOFTWARE

Software de preparación de archivos
BCN3D Cura

Sistemas Operativos
Windows, Mac, Linux

Archivos compatibles
STL, 3MF, OBJ, AMF

Conectividad inalámbrica
Control de software en la nube
· Enviar trabajos de impresión
· Supervisar el progreso de la impresión
· Pausar/Parar trabajos de impresión

Figura 5: Ejemplo de microestructura de una especificación técnica.

Se puede apreciar cómo las proposiciones que aportan información general (en color gris) van seguidas de las que aportan la información específica (en negro).

Durante el análisis de este apartado, nos hemos apoyado, además, en un estudio fraseológico basado en el corpus ES3DCOR (vid. Luque-Giráldez y Seghiri, 2021), realizado anteriormente, en el que se demostró que en este género existe una alta tendencia a la sustantivación, especialmente de colocaciones y locuciones de tipo sust. + prep. + sust. y sust. + adj. A modo de ejemplo, podemos advertir en la Figura 5, por un lado, el uso de las unidades «Diámetro del filamento» o «Software de preparación de archivos», que son construcciones del tipo sust. + prep. + sust., y, por otro lado, las unidades «Sistemas operativos» y «Archivos compatibles», que son del tipo sust. + adj.

En cuanto a la terminología, al tratarse de un texto con un grado de especialidad medio, podemos encontrar tanto términos técnicos —como, por ejemplo, las distintas tecnologías de impresión (fabricación de filamento fundido o estereolitografía) y el resto de componentes, materiales y características particulares (extrusor, láser, fuente de luz, bobina, etc.)—, como palabras de uso común, ya que este texto está destinado a un receptor semiespecializado interesado en conocer las especificaciones de la impresora 3D antes de adquirirla.

4. Implementación de una plantilla de redacción de especificaciones técnicas

Una vez finalizado el análisis de la super-, macro- y microestructura de este género textual, el último paso será proceder a la implementación de una plantilla de redacción de especificaciones técnicas. Para ello, hemos creado una hoja de Excel donde se han incluido los elementos relativos a la super-, macro- y microestructura extraídos con AntConc. Gracias a las funciones de Excel, se han incluido espacios destinados a la escritura, destacados en color para que el usuario los identifique rápidamente. A su vez, se han creado pestañas desplegables, marcadas también con color, que mostrarán distintas opciones y, además, en algunas ocasiones, la escritura estará habilitada donde se ha considerado que puede haber otras opciones que no aparecen en nuestro corpus. Una vez completada la celda o elegida la opción deseada, la celda cambiará a color blanco (cfr. Figura 6).

Asimismo, cabe destacar que, como las impresoras 3D cuentan con dos tipos de tecnología diferente, la plantilla se ha diseñado de tal forma que en el subapartado «Extrusor»/«Láser» aparezca automáticamente una pieza o la otra según la tecnología seleccionada previamente, además de las características que la acompañan; ocurre igual en el subapartado «Material», donde aparecerá automáticamente «Resina» o «Filamento» (Ref. *3.1.2.2. Macroestructura* – subapartado III y IV, respectivamente).

Propiedades de impresión	
Tecnología de impresión	. . .
Volumen de impresión	... x ... x ... mm
Plataforma de impresión	. . .
Cama caliente	. . .

Propiedades de impresión	
Tecnología de impresión	Fabricación de Filamento Fundido (FFF)
Volumen de impresión	420 x 300 x 400 mm
Plataforma de impresión	Metal extraíble
Cama caliente	sí

Figura 6: Muestra de un fragmento de la plantilla de especificación técnica incompleta (arriba) y completa (abajo).

Láser	
Tipo de láser	. . .
Fuente de luz	. . .
Producto láser de clase	. . .
Sistema de llenado de resina	. . .
Cartucho de resina	. . .

Extrusor		
Diámetro de la boquilla	. . .	mm
Cabezales de extrusión	. . .	
Número de boquillas	. . .	
Temperatura de la boquilla	. . .	°C
Diámetro del filamento	. . .	mm

Material	
Material	Resina
Tanque de resina	. . .
Longitud de onda	. . .
Compatibilidad del material	. . .
Compatibilidad del material de terceros	. . .

Material	
Material	Filamento
Diámetro del filamento	. . .
Bobina	. . .
Compatibilidad del material	. . .
Compatibilidad del material de terceros	. . .

Figura 7: Muestra de autocompletado en la plantilla de especificación técnica de las características según la tecnología utilizada por la impresora.

Por último, se han bloqueado las celdas que no requieren edición para evitar la pérdida involuntaria de información a través de la pestaña «Revisar» de Excel, haciendo clic en «Proteger hoja». Si se desea realizar cambios, el usuario deberá hacer clic en «Desproteger hoja» y el programa le pedirá una contraseña para habilitar la edición, la cual se le aportará previamente.

De esta manera, el usuario podrá completar los campos necesarios en la plantilla y podrá exportarla a otros formatos como HTML, DOC o PDF.

A continuación, se muestra la plantilla de redacción de especificaciones técnicas de impresoras 3D (cfr. Tabla 1):

Tabla 1: Plantilla de redacción de especificación técnica de impresora 3D (elaboración propia)

Especificaciones						
(nombre del producto marca, modelo…)						
Propiedades de impresión						
Tecnología de impresión	…					
Volumen de impresión	…	x	…	x	…	mm
Plataforma de impresión			…			
Cama caliente			…			
Temperatura de la plataforma de impresión				…		°C
Resolución de capa	…		-		…	micrómetros
Espesor de capa			…			micras
Precisión del posicionamiento XY				…		micrómetros
Precisión del posicionamiento Z				…		micrómetros
Velocidad de movimiento				…		mm/s
Velocidad de impresión		<			…	mm^3/s
Calibración			…			
Sistema de nivelado			…			
Dimensiones						
Dimensiones del producto	…	x	…	x	…	mm
Dimensiones con embalaje	…	x	…	x	…	mm
Peso del producto			…			kg
Peso con embalaje			…			kg

Láser	
Tipo de láser	...
Fuente de luz	...
Producto láser de clase	...
Sistema de llenado de resina	...
Cartucho de resina	...
Material	
Material	Resina
Tanque de resina	...
Longitud de onda	...
Compatibilidad del material	...
Compatibilidad del material de terceros	...
Conectividad	
Conexión	...
Cable USB	...
Unidad flash USB	...
Tarjeta SD	...
Requisitos operativos	
Requisitos de alimentación	... V / ... Hz
Consumo	... kW
Temperatura de funcionamiento	... °C
Temperatura ambiente	... °C
Temperatura de almacenamiento de la resina	... °C
Humedad de funcionamiento	... %

(*Suite*)

Tabla 1: (*Suite*)

Software	
Software de impresión	...
Sistemas operativos	...
Firmware	...
Formatos de archivo admitidos	...
Integración de complementos	...
Idioma	...
Hardware	
Estructura	...
Pantalla	...
Disco duro	...
Procesador	...
Motores paso a paso	...
	...
Garantía	
...	
Certificados	
...	

Esta plantilla se encuentra a disposición del público y está disponible para su consulta o descarga[4].

[4] Plantilla disponible en la siguiente dirección URL: https://docs.google.com/spreadsheets/d/1AHS1ldUz0G28Qkmr83F3bAWrNYVKNWrJ/edit#gid=1308910004.

5. Conclusiones

En este trabajo hemos llevado a cabo el análisis de la especificación técnica desde un punto de vista descriptivo y explicativo, ya que se trata de uno de los géneros más traducidos y, a la vez, paradójicamente, de los menos estudiados. A pesar de que la especificación técnica no sea considera como un género dentro de las principales clasificaciones de textos técnicos que existen hasta la fecha, mantenemos que estas deberían actualizarse, pues las especificaciones técnicas son un tipo de texto técnico que cuenta con características propias para ser consideradas un género en sí, como la aparición de rasgos recurrentes y comunes, una estructura prototípica que muestra que se trata de un documento único no integrado en otro y unos participantes específicos—receptor y emisor— que intervienen en el proceso de la comunicación. Así, si tuviéramos que encuadrar la especificación técnica dentro de la clasificación de géneros técnicos ya existentes, proponemos encuadrarla dentro de los textos expositivos de carácter especializado (según el foco textual) de la propuesta de Gamero (2001) y dentro de los textos descriptivos en la clasificación de Galán-Mañas (2009).

Con el fin de demostrar la singularidad de la especificación técnica como tipología textual, se han analizado sus características, prestando especial atención a su estructura, dividida en tres niveles, a saber, superestructura, macroestructura y microestructura. Gracias a este análisis, hemos aprendido más sobre las especificaciones técnicas de impresoras 3D, como, por ejemplo, que no todas utilizan la misma tecnología para su impresión. Este hecho deriva en la inclusión y uso de unas piezas y un material concretos dependiendo de la tecnología que se utilice. Así, dependerá de si la impresora utiliza una tecnología de fabricación de filamento fundido o bien una de estereolitografía.

Asimismo, hemos podido comprobar que las especificaciones técnicas poseen unas características —un emisor especialista, un receptor semiespecialista, un modo escrito, un foco expositivo y un funcionamiento textual interno relativamente fijo y normalizado— que las permiten considerarse un género especializado en sí; además, presentan una estructura organizada. Esta estructura no es completamente predefinida, ya que no existen unas normas que regulen su contenido, aunque debido a su finalidad, siempre repiten datos similares o iguales.

Finalmente, se ha elaborado una plantilla de redacción donde se recogen las estructuras y características utilizadas frecuentemente en el corpus

ES3DCOR, teniendo en cuenta su tipo de tecnología. Esta plantilla podrá ser utilizada por cualquier usuario emisor de una especificación técnica y, además, también es posible ampliar y editar su información, de forma que su contenido sea adaptable a las necesidades de cualquier empresa emisora.

Agradecimientos

El presente trabajo se enmarca en el seno de las redes T3: Terminología, Técnica y Traducción, INTEC y TACTRAD (Ref. 719/2018), coordinadas por la Universidad de Málaga (España), así como en el marco de los proyectos INMOCOR (Ref. P20-00109), VIP II (Ref. PID2020-112818GB-I00), Training network on language technologies for interpreters (Ref. EUIN2017-87746), Aplicación de técnicas avanzadas de PLN al ámbito de las Tecnologías de la Traducción y la Interpretación (Ref. EQC2018-004572-P), MI4ALL (AndalucíaTech), Introducción al mercado profesional de la traducción especializada (Acción 731, UMA 2020), POSTrad IV (UVa), TRIAJE (Ref. UMA18-FEDERJA-067) y PROFETA (Ref. PIE19-033, UMA).

Referencias bibliográficas

Arce Romeral, L. y Seghiri, M. (2018). Determinación de la representatividad cualitativa y cuantitativa de un corpus virtual de contratos de compraventa de viviendas (inglés-español). En. M. A. García Peinado e I. Ahumada Lara (Eds.), *Traducción literaria y discursos traductológicos especializados* (pp. 309–330). Ámsterdam: Peter Lang.

Arce Romeral, L. y Seghiri, M. (2019). Diseño de plantillas de redacción y traducción al inglés (variedades británica y estadounidense) de contratos de compraventa de viviendas basadas en corpus. En M. Seghiri (Ed.), *La lingüística de corpus aplicada al desarrollo de la competencia tecnológica en los estudios de traducción e interpretación y la enseñanza de segundas lenguas* (pp. 69–106). Ámsterdam: Peter Lang.

Arce Romeral, L. y Seghiri, M. (2020a). LEXCOR: un corpus legislativo de compraventa inmobiliaria como herramienta de traducción. En S. Álvarez Álvarez y M. T. Ortego Antón (Eds.), *Perfiles estratégicos de traductores e intérpretes en la transmisión de la información experta multilingüe en la sociedad del conocimiento del siglo XXI* (pp. 125–141). Granada: Comares.

Arce Romeral, L. y Seghiri, M. (2020b). Creación de una plantilla de traducción de contratos de compraventa de viviendas. Un estudio aplicado a Irlanda. *Transatlantic Studies Network (TNS), 9.*

Arce Romeral, L. y Seghiri, M. (2021a). COMPRAVENTACOR: un sitio *web* para la traducción de contratos de compraventa de viviendas en España, Argentina, Reino Unido y Estados Unidos. *Hikma: Revista de Traducción, 20*(1) (pp. 221–254).

Arce Romeral, L. y Seghiri, M. (2022). Creación de plantillas de redacción de contratos de compraventa de viviendas en español: variedades peninsular y argentina. En M. A. García y J. de Dios Torralbo (Eds.), *La práctica de la traducción especializada jurídica.* Ámsterdam: Peter Lang.

Arce Romeral, L. y Seghiri, M. (2021b). Implementation of a glossary for the translation of housing purchase and sale agreements in Spain, Argentina, the United Kingdom and the United States: a methodology based on corpus. *Hermēneus. Revista de Traducción e Interpretación, 24.*

Bruno, L. V., Luque, I. y Ferreyra, L. E. (2016). *La traducción de textos técnicos*. Córdoba: Universidad Nacional de Córdoba.

Byrne, J. (2012): *Scientific and Technical Translation Explained. A Nuts and Bolts Guide for Beginners.* Mánchester: St. Jerome Publishing.

EUATC (2018). *Expectations and concerns of the European language industry.* Europa EU. Recuperado de https://ec.europa.eu/info/sites/default/files/2017_language_industry_survey_report_en.pdf

Galán-Mañas, A. (2009). *La enseñanza de la traducción en la modalidad semipresencial* (Tesis doctoral). Universidad Autónoma de Barcelona, Barcelona, España.

Gamero Pérez, S. (2001). *La traducción de textos técnicos: Descripción y análisis de textos*. Barcelona: Ariel.

García Izquierdo, I (2007). Los géneros y las lenguas de especialidad. En E. Alcaraz, J. Mateo y F. Yus (Eds.), *Las lenguas profesionales y académicas* (pp. 119–125). Barcelona-Alicante: Ariel-IULMA.

Luque Giráldez, Á. y Seghiri, M. (2019). Extracción terminológica basada en corpus para la traducción de fichas técnicas de impresoras 3D. En G. Corpas Pastor, R. Mitkov, M. Kunilovskaya y M. Losey León (Eds.),

Computational and Corpus-based Phraseology (pp. 99–106). Ginebra: Tradulex.

Luque Giráldez, Á. y Seghiri, M. (2020). El corpus 3DCOR como herramienta para traducir fichas técnicas de impresoras 3D. En P. L. Luchini y U. Kickhöfel Alves (Eds.), *Cuestiones del lenguaje: Desarrollo de lenguas extranjeras, enseñanza y traducción* (pp. 125–140). Mar del Plata: Universidad Nacional de Mar de Plata.

Luque Giráldez, Á. y Seghiri, M. (2021a). Colocaciones y locuciones en las fichas técnicas de impresoras 3D (inglés-español): un estudio basado en el corpus 3DCOR. En G. Corpas Pastor *et al.* (Eds.), *Sistemas fraseológicos en contraste: enfoques computacionales y de corpus* (pp. 231–252). Granada: Comares.

Luque Giráldez, Á. y Seghiri, M. (2021b). La traducción técnica inversa con el corpus 3DCOR. En M. A. Veroz-González y P. Bernal-Castillo (Eds.), *Lenguas y traducción: retos y estudios de caso en entornos especializados y humanísticos* (pp. 165–175). Madrid: McGraw Hill.

Luque Giráldez, Á. y Seghiri, M. (2021c). Extracción fraseológica basada en un corpus de fichas técnicas de impresoras 3D en español: colocaciones y locuciones. En E. Sartor (Eds.), *Pliegos hispánicos: los corpus especializados en la lingüística aplicada: enseñanza y traducción* (pp. 43–66). Mantua: Universitas Studiorum.

Olohan, M. (2015). *Scientific and Technical Translation*. Londres: Routledge.

Pérez-Carrasco, M. y Seghiri, M. (2021a). Estudio diacrónico de terminología técnica de manuales de usuario de automoción a través de recursos de la Real Academia Española: CORDE, CREA, CORPES XXI, NTTL y MDA. En M. de Beni y D. Hourani (Eds.), *Corpus y estudio diacrónico del discurso especializado en español* (pp. 263–292). Berlín: Peter Lang.

Pérez-Carrasco, M. y Seghiri, M. (2021b). MOTOCOR: Compilación de un corpus técnico paralelo bilingüe (inglés-español) y su aplicación en la traducción directa de un texto sobre automoción. *Anales de Lingüística. Segunda época*, *5*, 123–148.

Pérez-Carrasco, M. y Seghiri M. (2022). MOTOCOR Y MOTOLEX: Estudio comparativo de la terminología técnica empleada en un subcorpus de manuales de usuario y un subcorpus legislativo sobre automoción. En F. Rodríguez (Coord.), *Theory and practice of translation and interpreting as a vehicle for knowledge transfer/Théorie et pratique de la traduction et de l'interprétation comme véhicule de transfert des connaissances* (pp. 139–171). Sevilla: Universidad de Sevilla.

Real Academia Española. *Diccionario de la lengua española, 23ª ed.*, [versión 23.3 en línea]. Recuperado de https://dle.rae.es

Seghiri, M. (Ed.) (2019). *La lingüística de corpus aplicada al desarrollo de la competencia tecnológica en los estudios de traducción e interpretación y la enseñanza de segundas lenguas.* Ámsterdam: Peter Lang.

Seghiri, M. y Arce Romeral, L. (2021). *La traducción de contratos de compraventa inmobiliaria: un estudio basado en corpus aplicado a España e Irlanda*. Ámsterdam: Peter Lang.

Technology, Media & Telecommunications Deloitte. Recuperado de https://www2.deloitte.com/content/dam/Deloitte/ec/Documents/technology-media-telecommunications/Deloitte-ES-TMT-Trends-2019-Folleto.pd

La traducción automática inglés-español aplicada a los formularios de la industria agroalimentaria

María Teresa Ortego Antón y Carolina Honra Serrano***

RESUMEN

Las industrias agroalimentarias ubicadas en las áreas despobladas del sur de Europa demandan servicios de traducción y de redacción multilingüe para poder comercializar sus productos en el exterior. Teniendo en cuenta su perfil y sus dimensiones, nunca podrían acometer la adaptación al exterior sin el apoyo de una tecnología que agilice y simplifique los procesos de traducción y de redacción multilingüe (Ortego Antón, 2019). En este contexto, la traducción automática surge como una opción prometedora, de manera que en este trabajo pretendemos comprobar si el producto resultante de los sistemas de traducción automática neuronal de un formulario del sector agroalimentario trasvasado del inglés al español puede dar resultados aceptables que se asemejen a la calidad ofrecida por la traducción humana. Para ello, seleccionamos una muestra de análisis que se corresponde con un formulario de solicitud de certificación vegana y vegetariana que se procesará en una selección de sistemas de traducción automática neuronal. El producto resultante será evaluado para detectar los errores de traducción basándonos en la métrica MQM adaptada por Ortiz (2016) y empleada en trabajos previos (Viver Sorolla y Ortego Antón, 2020) para, a continuación, poseditar los segmentos y obtener la distancia de edición o de Levenshtein (Sánchez Ramos y Rico Pérez, 2020, págs. 47–50). Con los resultados obtenidos podremos vislumbrar qué sistema de traducción automática neuronal ofrece mejores resultados y si dichos sistemas pueden constituir una posible solución para las empresas agroalimentarias.

Palabras clave: traducción automática neuronal, posedición, agroalimentación, inglés, español

ABSTRACT

Agri-food industries located in the depopulated areas of southern Europe require translation and multilingual writing services to be able to market their products abroad. Given their profile and size, they would never be able to undertake adaptation to foreign markets without the support of technology that speeds up and simplifies the translation and multilingual writing processes (Ortego Antón, 2019). In this context, machine translation emerges as a promising option, so that in this paper we intend to test whether the product resulting from neural machine translation systems from English into Spanish of an agri-food form could provide acceptable results that resemble human quality.

* CITTAC, Universidad de Valladolid, mariateresa.ortego@uva.es
** Universidad de Valladolid, carolina.honra@gmail.com

For this purpose, we defined the sample of analysis, which corresponds to a vegan and vegetarian certification form, which was translated using a selection of neural machine translation systems. The resulting product was assessed in search of translation errors applying the MQM metric adapted by Ortiz (2016) previously used in Viver Sorolla and Ortego Antón (2020) among others. Next, segments were manually postedited to get the editing or Levenshtein distance (Sánchez Ramos and Rico Pérez, 2020, pages 47–50). From these results we will be able to conclude which neural machine translation system offers better results and whether such systems can constitute a possible solution for agri-food companies.

Keywords: neural machine translation, postediting, agri-food, English, Spanish

1. La traducción en el sector agroalimentario

La industria agroalimentaria constituye uno de los sectores económicos más importantes en España (MAPA, 2020) y se ha convertido en el principal sustento en amplias regiones de tradición agrícola y ganadera que se encuentran en riesgo de una alarmante despoblación, como ocurre con las áreas despobladas del sur de Europa. Entre los factores que pueden cambiar esta tendencia, destaca la urgente necesidad de visibilizar su actividad socioeconómica en la web del conocimiento para que los productos de las pymes de este sector puedan comercializarse en mercados anglosajones (Ortego Antón y Fernández Nistal, 2020, págs. 24–25). Constatamos que el mencionado sector requiere de servicios de redacción y de traducción en español e inglés para adaptar los datos de sus productos (incluidos en páginas web, fichas descriptivas de producto, fichas técnicas, etiquetado, información nutricional, etc.) al mercado internacional y, así, atraer nuevos consumidores y fidelizar a los ya existentes.

En este contexto, el producto resultante de los sistemas de traducción automática constituye una parcela de conocimiento dentro de los Estudios de Traducción que todavía necesita abordarse con mayor profundidad para satisfacer la creciente demanda de las empresas agroalimentarias que desean internacionalizarse. Dado el perfil y las dimensiones de las mencionadas empresas, nunca podrían acometer la adaptación al mercado exterior sin el apoyo de una tecnología que agilice y simplifique los procesos de traducción y de redacción multilingüe (Fernández Nistal, 2020, pág. 157).

Por otro lado, la literatura centrada en la traducción agroalimentaria todavía no ha despertado el mismo interés que otros sectores para los investigadores, puesto que son escasos los grupos que se centran en abordar esta parcela del conocimiento. Entre los que sí lo hacen encontramos, por ejemplo, el grupo de investigación interuniversitario Análisis Contrastivo y Traducción Inglés-Español (ACTRES),[1] en el que participan, entre otras, la Universidad de León, la Universidad de Valladolid y la Universidad del País Vasco, o el grupo de investigación Texto, Ciencia y Traducción (HUM-947)[2] de la Universidad de Córdoba.

Puesto que los productos procedentes del sector agroalimentario son muy demandados fuera de nuestras fronteras, en este trabajo pretendemos obtener una aproximación de la traducción automática aplicada a textos del sector agroalimentario en el par de lenguas español e inglés, mediante la comparación del producto resultante en diferentes sistemas de traducción automática neuronal.

Además, partimos de la hipótesis de que el producto resultante de los sistemas de traducción automática de un formulario del sector agroalimentario puede dar resultados aceptables. Para verificar o refutar la mencionada hipótesis y alcanzar el objetivo propuesto, en primer lugar, definiremos los conceptos en los que se fundamenta nuestro trabajo (apartado 2). Posteriormente, describiremos la metodología que vamos a emplear (apartado 3). En tercer lugar, analizaremos el producto resultante de los sistemas de traducción automática neuronal y extraeremos los resultados, que irán encaminados a comprobar qué sistema ofrece mejores resultados y necesita menor posedición (apartado 4). Finalmente extraeremos las conclusiones (apartado 5).

2. Traducción automática y posedición

La traducción no ha sido ajena a los avances tecnológicos; de hecho, fruto del progreso en áreas como la lingüística computacional, la estadística o la inteligencia artificial, surge la traducción automática (TA), que se define como la aplicación de la tecnología informática a la traducción de textos de una lengua a otra sin intervención humana (ISO, 2017). Aunque la anterior definición pueda parecer reduccionista, la TA se caracteriza por la interdisciplinariedad, dado que, como indica Quah (2006, pág. 57), intervienen

[1] http://actres.unileon.es/?lang=es.
[2] http://www.ceia3.es/es/lineas-y-grupos-de-investigacion/economia-politica-y-legislacion-agroalimentarias/texto-ciencia-y-traduccion-hum-947-uco/.

áreas como la lexicografía, la lingüística, la lingüística computacional, la informática y la ingeniería lingüística. Asimismo, la traducción automática se basa en el postulado de que las lenguas naturales pueden ser descritas, controladas y codificadas.

Tradicionalmente la TA se distinguía de la traducción asistida por ordenador (TAO) en que en esta última es el humano quien traduce asistido por la tecnología (Bowker, 2002; Sommers, 2003; Bowker and Fisher, 2010, págs. 60–65), en tanto que en la TA no existe la intervención humana. Sin embargo, esta frontera cada vez es más difusa, como señala O'Hagan (2020, pág. 3), puesto que la TA está integrada en los entornos de TAO, en los que el traductor valida correspondencias no solo de la memoria de traducción, sino también del producto resultante de los sistemas de TA.

Aunque la TA pueda parecer una tarea sencilla, es el resultado de procesos muy complejos cuya tecnología subyacente ha ido modificándose y perfeccionándose con el paso del tiempo. De hecho, en los años 90 del pasado siglo los sistemas de TA solían basarse en reglas —*rule-based machine translation* o *knowledge-based machine translation*, según Forcada (2010, pág. 218)—, que integran conocimiento lingüístico y emplean técnicas de transferencia morfológica, sintáctica y semántica para realizar la traducción (Oliver, 2016, pág. 168). Tradicionalmente, estos sistemas se han clasificado, a su vez, en tres modelos: modelos de traducción directa, modelos de transferencia y modelos basados en interlengua (Sánchez Ramos y Rico Pérez, 2020, pág. 12). Los modelos de traducción directa son similares al proceso de traducción palabra por palabra, de manera que no se obtenían buenos resultados porque estos sistemas no tenían en cuenta los aspectos sintácticos de la lengua. Por otra parte, surgieron los modelos de transferencia, que buscaban subsanar los errores que cometían sus antecesores.

Paralelamente, a mitad de los años 80 del siglo XX, aparecieron los sistemas de TA basados en estadística. Estos emplean corpus paralelos, es decir, grandes cantidades de textos traducidos como base para el entrenamiento de los modelos de traducción (Bowker y Buitrago Ciro, 2019, págs. 42–43). Estos sistemas destacan por su facilidad y rapidez para poder ser entrenados, si bien requieren de corpus que deben contener millones de palabras para ser efectivos. A partir de los sistemas basados en reglas y en estadística surgieron sistemas híbridos, que combinan la tecnología de ambos, es decir, reglas lingüísticas y entrenamiento de sistemas estadísticos.

Aunque la traducción automática neuronal (TAN) ya era objeto de estudio mucho tiempo antes, fue en 2016 cuando Google la incorpora a su traductor y se produce la eclosión de los sistemas basados en redes neuronales. Según Sánchez Ramos y Rico Pérez (2020, págs. 21–22), los sistemas de TA basados en redes neuronales «intentan emular el funcionamiento de las neuronas del cerebro, basado este principalmente en las interconexiones que se producen entre ellas, y que "aprenden" a través de un "entrenamiento"». Las redes neuronales se basan en enormes corpus paralelos y necesitan al menos tres para trabajar con este tipo de TA (Forcada, 2019): un corpus de entrenamiento, un corpus de desarrollo y un corpus de test.

La TA basada en redes neuronales supone una gran revolución en el mercado actual de la traducción, pero también tiene dificultades como, por ejemplo, el alto coste y el material ingente que necesita para poder ser entrenada, así como los recursos informáticos (*hardware*) que requiere (Sánchez Ramos y Rico Pérez, 2020, pág. 25). Sin embargo, aporta muchas más ventajas que sus predecesoras, entre las que destacamos los buenos resultados en cuanto a fluidez. Además, los datos necesarios para su entrenamiento son menores que los empleados con los sistemas basados en estadística.

Por lo general, el producto resultante de la traducción automática necesita de una posedición (PE), definida como el proceso de editar y corregir el producto resultante de la traducción automática (ISO, 2017) y se distingue de la revisión en tanto que esta última se realiza sobre un texto fruto de una revisión humana. En consecuencia, la tipología de errores es diferente en una y otra tarea, así como en la frecuencia de aparición de errores y la repetición de los mismos, como indican Sánchez Ramos y Rico Pérez (2020, pág. 76). De acuerdo con la norma ISO (2017), la posedición puede ser de dos tipos en función de la precisión: posedición completa (*full post-editing*), cuyo resultado es similar al producto obtenido por un traductor; y posedición rápida (*light post-editing*), que tiene por objetivo obtener un texto comprensible en el que los cambios serán mínimos y no suelen publicarse. Por otro lado, son varias las guías de estilo que se han publicado para realizar una PE de calidad, entre las que nos gustaría destacar la elaborada por TAUS, cuya última actualización se lanzó en 2016 y la MQM, cuyas directrices utilizaremos en el presente trabajo.

Una vez establecidos y desarrollados los conceptos sobre los que se fundamenta este trabajo, procedemos a trazar la metodología de análisis que vamos a seguir.

3. Metodología de análisis

Para poder afirmar si la traducción automática de un formulario del sector agroalimentario puede dar resultados aceptables, en primer lugar, tenemos que delimitar la muestra de análisis, es decir, los sistemas de TA que vamos a analizar, así como los parámetros que emplearemos para realizar dicho análisis.

Por lo que respecta a la muestra de análisis, hemos seleccionado un formulario de solicitud de la empresa europea V-Label GmbH, que proporciona licencias destinadas a empresas cuyos productos y servicios puedan ser certificados como veganos o vegetarianos. Cabe destacar que cada país dispone de un formulario distinto, por lo que es importante subrayar que nuestro texto pertenece al formulario emitido por Alemania y actualizado en abril de 2020. El texto seleccionado consta de 273 palabras en inglés. Para el análisis, se han seleccionado dos extractos de dicho formulario: un primer extracto donde el cliente proporciona los datos principales (Figura 1), así como un segundo fragmento donde se detallan una serie de instrucciones sobre los ingredientes del producto para el que se desea obtener la certificación (Figura 2).

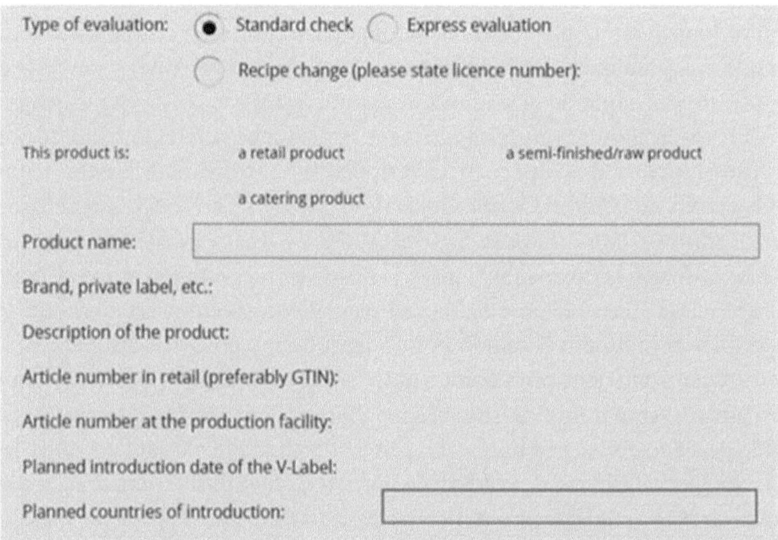
Type of evaluation: Standard check Express evaluation
Recipe change (please state licence number):
This product is: a retail product a semi-finished/raw product
a catering product
Product name:
Brand, private label, etc.:
Description of the product:
Article number in retail (preferably GTIN):
Article number at the production facility:
Planned introduction date of the V-Label:
Planned countries of introduction:

Figura 1: Primer fragmento de la muestra de análisis.

2. Ingredients (incl. additives) in ideally quantitatively decreasing order as well as all processing aids, carry overs, and similar substances not subject to mandatory labelling that are used in the manufacture of the product

- Please note that the legally required list of ingredients usually does not include processing aids like **enzymes, carriers, anticaking agents, glazing agents, extraction solvents** etc.
- The complete name must be given, e.g. "cane sugar" instead of "sugar".
- Please also indicate E-numbers if available.
- Please state if plant oils are virgin or generally not refined.
- For compound ingredients such as margarine, seasonings etc. the individual ingredients must be listed.
- Critical ingredients must be clearly assigned to the products in the supplier confirmation. Supplier name and article numbers make it easier for us to identify the corresponding documents. Please fill in one line per supplier.

Figura 2: Segundo fragmento de la muestra de análisis.

Una vez acotado el texto origen, lo analizamos conforme al modelo de Hymes (1974, pág. 10), quien propone los siguientes elementos para definir las características de un texto teniendo como referencia la situación comunicativa:

- Los participantes: el emisor es la propia empresa, ya que no figura un autor determinado; mientras que el receptor es el cliente que solicita la licencia para su producto alimentario.
- El canal: en este caso, se trata de un texto escrito y distribuido a través del correo electrónico u otro medio de comunicación confidencial.
- El código: es de carácter lingüístico, correspondiente a las lenguas inglesa y española.
- El lugar y el tiempo: son las circunstancias en las que se produce el acto de comunicación y el momento en el que esta tiene lugar. En cuanto al texto que nos ocupa, la comunicación se da desde la redacción del formulario por parte de la empresa hasta que los clientes lo reciben.
- La forma del mensaje y el género: hemos elegido un texto de carácter administrativo, con una estructura claramente definida y ordenada, desde los datos más básicos hasta los más específicos. El lenguaje es preciso y claro, para evitar posibles dudas del receptor.

- La actitud que transmite el mensaje y contenido: el mensaje se caracteriza por su carácter informativo e instructivo, puesto que proporciona instrucciones para rellenar el documento correctamente.
- Los acontecimientos: el cliente sabe de antemano que va a recibir el documento, donde tendrá que reflejar una información concreta sobre su producto para que se le conceda la licencia que solicita a través de dicho documento.

Tras definir la muestra de análisis, acotamos los sistemas de TA neuronal que vamos a utilizar en este trabajo, que se corresponden con DeepL, Google Translate y Microsoft Translator.

DeepL es un traductor automático en línea que cuenta con nueve idiomas y 72 combinaciones lingüísticas. La versión DeepL Pro permite integrar su API en herramientas TAO, utilizar el traductor en línea sin límites y traducir documentos completos, entre otras características.

Google Translate es un servicio de traducción automática en línea proporcionado por Google. Este sistema es capaz de traducir más de 100 idiomas y una de las características más relevantes es que puede traducir elementos multimedia, como vídeos e imágenes. Se podría afirmar que es uno de los traductores automáticos en línea más famosos del mundo y uno de los que más evolución ha sufrido: desde la traducción basada en reglas, pasando por la estadística, hasta llegar a la neuronal, incorporada en 2016.

Microsoft Translator ofrece una API gratuita que se integra en muchos productos de Microsoft, tales como Bing, Skype Translator y Microsoft Office. La interfaz destinada al usuario se materializa a través de Bing, que ofrece el servicio de traducción web al uso.

Por lo que respecta a los parámetros que emplearemos para analizar el resultado que nos proporcionan los diferentes sistemas de TA, hemos optado por basarnos en la clasificación adaptada por Ortiz (2016, pág. 63–64) de la *Multidimensional Quality Metric Error Typology* (*MQM*), que ha sido empleada en estudios previos (Viver Sorolla y Ortego Antón, 2020). No obstante, ante la amplitud de la métrica MQM, en este trabajo vamos a focalizar la atención en las categorías de adecuación y de fluidez. La adecuación hace referencia a los aspectos que tengan que ver con la coherencia del *input* y del *output*. Si se producen este tipo de errores, se categorizarán como errores de terminología, mala traducción u omisión, entre otros. Por lo que respecta a la fluidez, esta engloba los errores puramente lingüísticos, como los de gramática, ortotipográficos e, incluso, traducciones que no son comprensibles en la lengua de llegada.

Para realizar el análisis, contabilizamos un total de 24 segmentos, que hemos introducido en cada uno de los sistemas de TAN. Los resultados obtenidos los hemos anotado en una tabla y a continuación, hemos detectado los errores, que hemos categorizado según la adaptación de MQM ofrecida por Ortiz (2016, pág. 63–64), empleando negrita para destacar los errores relativos a precisión y subrayado para fluidez. Dentro de precisión, clasificamos los errores según hagan referencia a *terminology*, *mistranslation*, *omission*, *addition* y *untranslated*. Por lo que respecta a la fluidez, los errores pueden ser de cuatro tipos: *spelling*, *typography*, *grammar* y *unintelligible*.

A continuación, hemos poseditado los segmentos para poder obtener la distancia de edición. Esta última, también conocida como distancia de Levenshtein o TER (*Translation Edit Rate*), se define como «una métrica que se basa en el número de ediciones que se realizan al resultado de la traducción automática para que se corresponda con la traducción que se toma como referencia» (Snover *et al.*, 2006; en Sánchez Ramos y Rico Pérez, 2020, pág. 47). De esta forma, dichas ediciones incluyen inserciones, eliminaciones y sustituciones de palabras. Por ejemplo, si quisiéramos medir la distancia de edición entre *gato* y *pato*, esta sería de uno, porque solo hemos modificado un carácter (*g* por *p*).

Una vez establecida la metodología de análisis, procedemos a analizar el producto resultante de la traducción automática con sistemas de TA neuronal. Asimismo, mostraremos los resultados derivados del mencionado análisis.

4. Análisis y resultados

En primer lugar, ofrecemos el producto de la traducción con los errores detectados y categorizados según la adaptación propuesta por Ortiz (2016, pág. 63–64) empleando negrita para los errores relativos a precisión y subrayado para los correspondientes con fluidez, como se puede observar en la Tabla 1.

Tabla 1: Clasificación de errores

		DEEPL (13/02/2021)		**GOOGLE (13/02/2021)**		**BING (13/02/2021)**	
N.º	**TO**	**TAN**	**Errores**	**TAN**	**Errores**	**TAN**	**Errores**
1	Type of evaluation:	Tipo de **evaluación**:	Mistranslation (overly literal)	Tipo de **evaluación**:	Mistranslation (overly literal)	Tipo de **evaluación**:	Mistranslation (overly literal)
2	Standard check	Control estándar		**Cheque** estándar	Mistranslation (false friend)	Comprobación estándar	
3	Express evaluation	**Evaluación** exprés	Mistranslation (overly literal)	**Evaluación expresa**	Mistranslation (overly literal), mistranslation (overly literal)	**Evaluación** exprés	Mistranslation (overly literal)
4	Recipe change (please state licence number):	Cambio de receta (indique el número de licencia):		Cambio de receta (indique el número de licencia):		Cambio de receta (indique el número de licencia):	
5	This product is:	Este producto es:		Este producto es:		Este producto es:	
6	A retail product	Un producto de venta al público		Un producto minorista		Un producto de venta al por menor	
7	A catering product	Un producto de restauración		Un producto de **catering**	Mistranslation (overly literal)	Un producto de **catering**	Mistranslation (overly literal)
8	A semi-finished / raw product	Un producto semielaborado o crudo		Un producto **semiacabado** / crudo	Mistranslation (overly literal), typography (space)	Un producto **semiacabado** / crudo	Mistranslation (overly literal)
9	Product name:	Nombre del producto:		Nombre del producto:		Nombre del producto:	
10	Brand, private label, etc.:	Marca, marca blanca, etc:	Typography (punctuation)	Marca, **etiqueta privada**, etc.:	Mistranslation (overly literal), typography (space)	Marca, marca **privada**, etc.:	Mistranslation (false friend)
11	Description of the product:	Descripción del producto:		Descripción del producto:		Descripción del producto:	
12	Article number in retail (preferably GTIN):	Número de artículo en el comercio minorista (preferiblemente GTIN):		Número de artículo en venta minorista (preferiblemente GTIN):		Número de artículo en venta al por menor (preferiblemente GTIN):	
13	Article number at the production facility:	Número de artículo en la planta de producción:		Número de artículo en la planta de producción:		Número de artículo en la planta de producción:	
14	Planned introduction date of the V-Label:	Fecha prevista de introducción de la **etiqueta V**:	Terminology	Fecha prevista de introducción del V-Label:	Grammar	Fecha de introducción **planificada** de la V-Label:	Terminology

		DEEPL (13/02/2021)		GOOGLE (13/02/2021)		BING (13/02/2021)	
N.º	**TO**	**TAN**	**Errores**	**TAN**	**Errores**	**TAN**	**Errores**
15	Planned countries of introduction:	Países de introducción previstos:		Países de introducción previstos:		Países **planificados** de introducción:	Terminology
16	2. Ingredients (incl. additives) in ideally quantitatively decreasing order as well as all processing aids, carry overs, and similar substances not subject to mandatory labelling that are used in the manufacture of the product	2. Ingredientes (incluidos los aditivos) en orden cuantitativo idealmente decreciente, así como todos los coadyuvantes de elaboración, **los productos de arrastre** y las sustancias similares no sujetas a etiquetado obligatorio que se utilicen en la fabricación del producto.	Grammar (word order) and mistranslation (overly literal), terminology	2. Ingredientes (incluidos los aditivos) en un orden cuantitativo decreciente idealmente, así como todos los coadyuvantes **tecnológicos**, transferencias y sustancias similares no sujetas a etiquetado obligatorio que se utilizan en la fabricación del producto	Grammar (word order) and mistranslation (overly literal), terminology, omission, omission, typography (punctuation)	2. Ingredientes (incluidos los aditivos) en orden decreciente cuantitativamente ideal, así como **todas las ayudas a la transformación, los traspasos** y sustancias similares no sujetas al etiquetado obligatorio que se utilizan en la fabricación del producto	Grammar (word order) and mistranslation (overly literal), terminology, terminology, omission, grammar, typography (punctuation)
17	Please note that the legally required list of ingredients usually does not include processing aids like enzymes, carriers, anticaking agents, glazing agents, extraction solvents etc.	Tenga en cuenta que la lista de ingredientes **exigida por la ley** no suele incluir los **auxiliares tecnológicos** como enzimas, **portadores, antiaglomerantes, agentes de recubrimiento**, disolventes de extracción, etc.	Mistranslation (overly literal), terminology, terminology, terminology, terminology	Tenga en cuenta que, por lo general, la lista de ingredientes **requerida por ley** no incluye coadyuvantes de **procesamiento** como enzimas, **vehículos**, agentes antiaglutinantes, **agentes de recubrimiento,** disolventes de extracción, etc.	Mistranslation (overly literal), terminology, terminology, terminology	Tenga en cuenta que la lista de ingredientes **legalmente requerida** por lo general no incluye **ayudas** de **procesamiento** como enzimas, **portadores**, agentes **anticaking, agentes de acristalamiento,** disolventes de extracción, etc.	Mistranslation (overly literal), typography (punctuation), terminology, terminology, untranslated, terminology
18	The complete name must be given, e.g. "cane sugar" instead of "sugar".	Debe indicarse el nombre completo, por ejemplo, "azúcar de caña" en lugar de "azúcar".	Typography (punctuation)	Se debe **dar** el nombre completo, **p. Ej.** "Azúcar de caña" en lugar de "azúcar".	Mistranslation (overly literal), spelling (incorrect abbreviation), typography (punctuation)	Debe indicarse el nombre completo, por ejemplo, "azúcar de caña" en lugar de "azúcar".	Typography (punctuation)

(*Suite*)

Tabla 1: (*Suite*)

		DEEPL (13/02/2021)		GOOGLE (13/02/2021)		BING (13/02/2021)	
N.º	**TO**	**TAN**	**Errores**	**TAN**	**Errores**	**TAN**	**Errores**
19	Please also indicate E-numbers if available.	Indique también los números E, si están disponibles.		Indique también los **números electrónicos** si están disponibles.	Mistranslation (overly literal), typography (punctuation)	Indique también los números E si están disponibles.	Typography (punctuation)
20	Please state if plant oils are virgin or generally not refined.	Indique si los aceites vegetales son vírgenes o generalmente no refinados.		Indique si los aceites vegetales son vírgenes o en general no están refinados.	Grammar	Indique si los aceites vegetales son vírgenes o generalmente no se refinan.	Grammar
21	For compound ingredients such as margarine, seasonings etc. the individual ingredients must be listed.	En el caso de los ingredientes compuestos, como la margarina, los condimentos, etc., deben **indicarse** los ingredientes individuales.	Terminology	**Para** ingredientes compuestos como margarina, condimentos, etc., se deben enumerar los ingredientes individuales.	Mistranslation (overly literal), omission, omission	**Para** ingredientes compuestos como la margarina, condimentos, etc. **los ingredientes individuales deben estar listados.**	Mistranslation (overly literal), omission, typography (punctuation), mistranslation (overly literal)
22	Critical ingredients must be clearly assigned to the products in the supplier confirmation.	Los ingredientes críticos deben asignarse claramente a los productos en la confirmación del proveedor.		Los ingredientes críticos deben asignarse claramente a los productos en la confirmación del proveedor.		Los ingredientes críticos deben asignarse claramente a los productos en la confirmación del proveedor.	
23	Supplier name and article numbers make it easier for us to identify the corresponding documents.	El nombre del proveedor y los números de artículo nos facilitan la identificación de los documentos correspondientes.		El nombre del proveedor y los números de artículo nos facilitan la identificación de los documentos correspondientes.		El nombre del proveedor y los números de artículo nos facilitan la identificación de los documentos correspondientes.	
24	Please fill in one line per supplier.	Por favor, rellene una línea por proveedor.		Complete una línea por proveedor.	Omission	Por favor, rellene una línea por proveedor.	

Una vez presentados los errores, procedemos a clasificar cada error en función de la categoría a la que pertenezca y por sistemas de TA, como se puede observar en la Figura 3.

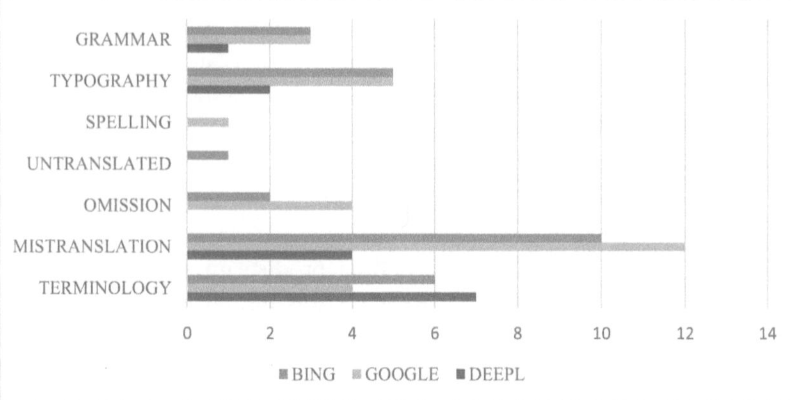

Figura 3: Categorización de errores por sistemas de TA.

Por lo que respecta a DeepL, a la vista de los datos que se desprenden de la Tabla 1, detectamos un total de 14 errores: siete de terminología, que hacen referencia al empleo de un término inadecuado en el trasvase de los ingredientes que puede contener el producto —por ejemplo, *anticaking agents* se traduce como **antiaglomerantes* en vez de *antiaglutinantes*—; cuatro traducciones erróneas resultado de utilizar traducciones literales —por ejemplo, *evaluation* por **evaluación* en lugar de *control*—, dos errores tipográficos —**etc:* y el empleo de comillas inglesas en lugar de comillas latinas— y un error gramatical —**orden cualitativo idealmente decreciente*.

En el segundo sistema analizado, Google Translate, detectamos 29 errores, 15 más que en DeepL. De los mencionados 29 errores, 12 se corresponden con traducciones erróneas, de las que 11 son traducciones literales, por ejemplo, *private label* traducido como **etiqueta privada* en lugar de *marca blanca*. El error restante es un falso amigo: *check* por **cheque* en vez de *control*. Las siguientes categorías de errores cometidos por este sistema de TA se corresponden con tipografía (5 errores), generalmente errores de puntuación como el uso de comillas inglesas en lugar de comillas latinas, así como errores de terminología y omisión, ambas categorías con cuatro errores. En relación con los errores de terminología, detectamos el mismo patrón que en DeepL, pues los ingredientes se traducen inadecuadamente, por ejemplo, **portadores* en lugar de *sustancias inertes*. Respecto a los errores relacionados con omisión, tres de los cuatro errores tienen que ver con la omisión de artículos que acompañan a sustantivos como, por ejemplo, **transferencias y sustancias*, que debería aparecer de la siguiente forma: *las transferencias y las sustancias*. Por último, nos gustaría destacar el último error por omisión, relativo al segmento 24, que se corresponde con la fórmula de cortesía «por favor», que en inglés aparece explícitamente. Los demás sistemas de TA lo han trasladado correctamente, apoyándose asimismo en la fórmula de tratamiento de usted.

El último de los sistemas evaluados, Bing, produce un total de 27 errores, de los que ocho son traducciones erróneas causadas por el empleo de una traducción literal: *legally required* traducido como **legalmente requerida*, en vez de *según las especificaciones legales*, o *semi-finished* como **semiacabado*, en lugar de *semielaborado*; por otro lado, encontramos seis errores de terminología similares a los detectados en los anteriores sistemas de TA, por ejemplo, *planned* se traduce por **planificada* en lugar de *prevista*. Por último, detectamos cinco errores tipográficos relacionados con el uso de comillas inglesas en vez de latinas y con algunos descuidos en la puntuación (punto final y comas).

Desde una perspectiva global, nos gustaría destacar que todos los sistemas de TA cometen el mismo error tipográfico en lo relativo al uso de comillas inglesas, en tanto que lo adecuado en español es emplear las comillas latinas en textos impresos (Fundéu, 2018). Además, nos ha sorprendido que no hayamos detectado errores de las categorías de adición e inteligibilidad e, incluso, en la categoría sin traducir solo hemos obtenido un resultado en el sistema de TA de Microsoft. En consecuencia, podemos afirmar que el sistema que menos errores comete y, por tanto, aparentemente más fiable, a la espera de los resultados de posedición, se corresponde con DeepL, puesto que comete la mitad de los errores que el resto de los sistemas de TA analizados. No obstante, para poder afirmar qué sistema es el mejor, es necesario también tener en cuenta la distancia de edición tras proceder a poseditar el producto de los sistemas de TA, que se muestra en la Tabla 2.

Tabla 2: Posedición y distancia de edición

N.º	DEEPL (13/02/21)	DE (%)	GOOGLE (13/02/21)	DE (%)	BING (13/02/21)	DE (%)
1	Tipo de evaluación:	53	Tipo de evaluación:	53	Tipo de evaluación:	53
	Tipo de control:		Tipo de control:		Tipo de control:	
2	Control estándar	0	Cheque estándar	38	Comprobación estándar	0
			Control estándar			
3	Evaluación exprés	59	Evaluación expresa	67	Evaluación exprés	59
	Control exprés		Control exprés		Control exprés	
7	Un producto de restauración	0	Un producto de catering	9	Un producto de catering	9
			Un producto de cáterin		Un producto de cáterin	
8	Un producto semielaborado o crudo	0	Un producto semiacabado / crudo	19	Un producto semiacabado / crudo	13
			Un producto semielaborado / crudo		Un producto semielaborado / crudo	
9	Nombre del producto:	0	Nombre del producto:	0	Nombre del producto:	0
10	Marca, marca blanca, etc:	4	Marca, etiqueta privada, etc.:	45	Marca, marca privada, etc.:	22
	Marca, marca blanca, etc.:	0	Marca, marca blanca, etc.:		Marca, marca blanca, etc.:	
14	Fecha prevista de introducción de la etiqueta V:	19	Fecha prevista de introducción del V-Label:	4	Fecha de introducción planificada de la V-Label:	17
	Fecha prevista de introducción de la V-Label:		Fecha prevista de introducción de la V-Label:		Fecha de introducción prevista de la V-Label:	

(*Suite*)

Tabla 2: (*Suite*)

N.º	DEEPL (13/02/21)	DE (%)	GOOGLE (13/02/21)	DE (%)	BING (13/02/21)	DE (%)
15	Países de introducción previstos:	0	Países de introducción previstos:	0	Países planificados de introducción:	64
					Países de introducción previstos:	
16	2. Ingredientes (incluidos los aditivos) en orden cuantitativo idealmente decreciente, así como todos los coadyuvantes de elaboración, los productos de arrastre y las sustancias similares no sujetas a etiquetado obligatorio que se utilicen en la fabricación del producto.	18	2. Ingredientes (incluidos los aditivos) en un orden cuantitativo decreciente idealmente, así como todos los coadyuvantes tecnológicos, transferencias y sustancias similares no sujetas a etiquetado obligatorio que se utilizan en la fabricación del producto	16	2. Ingredientes (incluidos los aditivos) en orden decreciente cuantitativamente ideal, así como todas las ayudas a la transformación, los traspasos y sustancias similares no sujetas al etiquetado obligatorio que se utilizan en la fabricación del producto	23
	2. Ingredientes (incluidos los aditivos) en un orden idealmente decreciente y cuantitativo, así como todos los coadyuvantes de elaboración, las transferencias y las sustancias similares no sujetas a etiquetado obligatorio que se utilicen en la fabricación del producto.		2. Ingredientes (incluidos los aditivos) en un orden idealmente decreciente y cuantitativo, así como todos los coadyuvantes de elaboración, las transferencias y las sustancias similares no sujetas a etiquetado obligatorio que se utilizan en la fabricación del producto.		2. Ingredientes (incluidos los aditivos) en un orden idealmente decreciente y cuantitativo, así como todos los coadyuvantes de elaboración, las transferencias y las sustancias similares no sujetas a etiquetado obligatorio que se utilizan en la fabricación del producto.	

N.º	DEEPL (13/02/21)	DE (%)	GOOGLE (13/02/21)	DE (%)	BING (13/02/21)	DE (%)
17	Tenga en cuenta que la lista de ingredientes exigida por la ley no suele incluir los auxiliares tecnológicos como enzimas, portadores, antiaglomerantes, agentes de recubrimiento, disolventes de extracción, etc.	32	Tenga en cuenta que, por lo general, la lista de ingredientes requerida por ley no incluye coadyuvantes de procesamiento como enzimas, vehículos, agentes antiaglutinantes, agentes de recubrimiento, disolventes de extracción, etc.	25	Tenga en cuenta que la lista de ingredientes legalmente requerida por lo general no incluye ayudas de procesamiento como enzimas, portadores, agentes anticaking, agentes de acristalamiento, disolventes de extracción, etc.	33
	Tenga en cuenta que la lista de ingredientes según las especificaciones legales no suele incluir los coadyuvantes de elaboración como enzimas, sustancias inertes, antiaglutinantes, agentes de glaseado, disolventes de extracción, etc.		Tenga en cuenta que, por lo general, la lista de ingredientes según las especificaciones legales no incluye coadyuvantes de elaboración como enzimas, sustancias inertes, antiaglutinantes, agentes de glaseado, disolventes de extracción, etc.		Tenga en cuenta que la lista de ingredientes según las especificaciones legales, por lo general, no incluye coadyuvantes de elaboración como enzimas, sustancias inertes, antiaglutinantes, agentes de glaseado, disolventes de extracción, etc.	
18	Debe indicarse el nombre completo, por ejemplo, "azúcar de caña" en lugar de "azúcar".	5	Se debe dar el nombre completo, p. Ej. "Azúcar de caña" en lugar de "azúcar".	10	Debe indicarse el nombre completo, por ejemplo, "azúcar de caña" en lugar de "azúcar".	5
	Debe indicarse el nombre completo, por ejemplo, «azúcar de caña» en lugar de «azúcar».		Se debe indicar el nombre completo, p. ej. «azúcar de caña» en lugar de «azúcar».		Debe indicarse el nombre completo, por ejemplo, «azúcar de caña» en lugar de «azúcar».	

(*Suite*)

Tabla 2: (*Suite*)

N.º	DEEPL (13/02/21)	DE (%)	GOOGLE (13/02/21)	DE (%)	BING (13/02/21)	DE (%)
19	Indique también los números E, si están disponibles.	0	Indique también los números electrónicos si están disponibles.	18	Indique también los números E si están disponibles.	2
			Indique también los números E, si están disponibles.		Indique también los números E, si están disponibles.	
20	Indique si los aceites vegetales son vírgenes o generalmente no refinados.	0	Indique si los aceites vegetales son vírgenes o en general no están refinados.	10	Indique si los aceites vegetales son vírgenes o generalmente no se refinan.	8
			Indique si los aceites vegetales son vírgenes o generalmente no están refinados.		Indique si los aceites vegetales son vírgenes o generalmente no refinados.	
21	En el caso de los ingredientes compuestos, como la margarina, los condimentos, etc., deben indicarse los ingredientes individuales.	4	Para ingredientes compuestos como margarina, condimentos, etc., se deben enumerar los ingredientes individuales.	13	Para ingredientes compuestos como la margarina, condimentos, etc. los ingredientes individuales deben estar listados.	43
	En el caso de los ingredientes compuestos, como la margarina, los condimentos, etc., deben enumerarse los ingredientes individuales.		En el caso de los ingredientes compuestos como margarina, condimentos, etc., se deben enumerar los ingredientes individuales.		En el caso de los ingredientes compuestos como la margarina, condimentos, etc., se deben enumerar los ingredientes individuales.	
24	Por favor, rellene una línea por proveedor.	0	Complete una línea por proveedor.	25	Por favor, rellene una línea por proveedor.	0
			Por favor, complete una línea por proveedor.			
DISTANCIA DE EDICIÓN EN DEEPL		**8,1**	**DISTANCIA DE EDICIÓN EN GOOGLE TRANSLATE**	**14,7**	**DISTANCIA DE EDICIÓN EN BING**	**14,6**

En la Tabla 2 se ofrecen los resultados sin posedición y poseditados. Primeramente, nos gustaría destacar que en ocho de los segmentos —los correspondientes a los números 4, 5, 6, 11 12, 13, 22 y 23— no se han producido cambios en el producto de ninguno de los tres sistemas de TA analizados. Además, los segmentos en los que se han producido cambios aparecen sombreados en gris y van acompañados de la distancia de edición, es decir, el porcentaje del segmento que nos hemos visto obligados a modificar para que el producto resultante tenga la misma calidad que una traducción humana. Los resultados que se desprenden de la Tabla **2** ponen de manifiesto que la distancia de edición en los sistemas analizados es inferior al 15 % —8,1 % en DeepL, 14,6 % en Bing y 14,7 % en Google Translate—. A la luz de estos datos, el producto ofrecido por los tres sistemas de traducción automática analizados es bastante aceptable y, si tuviéramos que escoger un sistema de traducción automática neuronal, nos decantaríamos por DeepL, dado que son muy pocas las modificaciones que hay que realizar sobre el total, lo que nos lleva a afirmar que la traducción automática neuronal aplicada al género textual de los formularios de agroalimentación es un recurso más que los traductores profesionales tienen a su disposición y que les podría permitir aumentar la productividad.

5. Conclusiones

En este trabajo hemos aplicado los principales sistemas de TA neuronal (Google, DeepL y Bing) a un género textual (el formulario) de un determinado sector (el agroalimentario), en el par de lenguas de español e inglés. Tras el empleo de estos sistemas, se ha comparado el producto resultante, se han analizado los errores cometidos por cada uno de ellos y se ha calculado la distancia de edición. Con los resultados obtenidos podemos afirmar que el producto resultante de los sistemas de TA ofrece resultados aceptables y, si nos centramos en los distintos sistemas analizados, DeepL en el momento en que se obtuvo el producto, era el mejor sistema de TA, dado que la distancia de edición, es decir, los cambios que hubo que realizar para que el producto tuviera una calidad similar a la traducción humana, se correspondió con el 8,1 %, lo que pone de manifiesto resultados prometedores y sorprendentes.

A la vista de estos resultados, también podemos constatar que, si bien los sistemas de TAN no son perfectos y requieren de una posedición completa posterior para que el producto tenga la misma calidad que la traducción humana, sí que constituyen un recurso al alcance de los traductores y redactores multilingües a la hora de traducir este género textual en la industria agroalimentaria, lo que pone de manifiesto que la traducción automática no debe considerarse la enemiga del traductor profesional, sino una herramienta más que tiene a su disposición y que le permite mejorar la productividad. Por consiguiente, podemos confirmar que tanto la TA como la PE han llegado para quedarse en el flujo de la traducción y se han convertido en herramientas esenciales en el trabajo diario de profesionales de la traducción y de empresas proveedoras de servicios lingüísticos, ya que ambas técnicas implican un aumento de la productividad y del rendimiento (Arevalillo Doval, 2012, pág. 184). Sin embargo, es necesario distinguir entre la tecnología que subyace a los distintos sistemas de TA, ya que, según su *software* interno, la productividad y el rendimiento del traductor pueden verse incrementados o mermados.

Por otro lado, conscientes de los avances y cambios que se están produciendo en las industrias de la lengua derivados de los avances tecnológicos, la formación de traductores e intérpretes debería incluir la traducción automática como parte del currículum para que los futuros profesionales de la traducción, de la interpretación y de la comunicación multilingüe sean capaces de satisfacer las necesidades que demanda el mercado laboral de este sector.

Para finalizar, la TA con una posedición completa posterior puede ser una de las soluciones para asistir a las empresas del sector agroalimentario a exportar su producción y ampliar el mercado de ventas, si bien es necesario que el poseditor sea conocedor de la terminología del campo, puesto que los principales errores son de carácter terminológico, lo que podría solucionarse incorporando glosarios especializados en el entrenamiento de los sistemas de TA neuronal.

Agradecimientos

Este trabajo se ha realizado en el marco de los proyectos nacionales de I+D titulados «Lenguajes naturales controlados, comunicación colaborativa y producción textual bilingüe en entornos 3.0.» (PID2020-114064RB-I00), coordinado por la Dra. Noelia Ramón García (Universidad de León), y «VIP II» (PID2020-112818GB-I00), coordinado por la Dra. Gloria Corpas Pastor (Universidad de Málaga). Asimismo, se integra parcialmente en el seno de los proyectos «INMOCOR (Ref. P20_00109)», coordinado por la Dra. Míriam Seghiri (Universidad de Málaga); «NEUROTRAD», coordinado por la Dra. Cristina Toledo Báez (Universidad de Málaga); y «TorreznoTRAD (PROYEMER-2021–28)», coordinado por la Dra. María Teresa Ortego Antón (Universidad de Valladolid).

Referencias

Arevalillo, J. J. (2012). La traducción automática en las empresas de traducción. Postedició, canvi de paradigma? *Tradumàtica: tecnologies de la traducció, 10*, 179–184.

Bowker, L. (2002). *Computer-Aided Translation Technology: An Introduction.* Ottawa: University of Ottawa Press.

Bowker, L. y Fisher, D. (2010). Computer-aided translation. En Y. Gambier y L. van Doorslaer (Eds.), *Handbook of Translation Studies: Volume 1* (pp. 60–65). Ámsterdam / Filadelfia: John Benjamins Publishing Company.

Bowker, L. y Buitrago Ciro, J. (2019). *Machine translation and global research. Bingley*: Emerald publishing.

Fernández Nistal, P. (2020). *Los corpus como herramienta de traducción para los traductores e intérpretes del siglo XXI: el caso del chorizo ibérico de bellota*. En S. Álvarez Álvarez y M. T. Ortego Antón (Eds.), Perfiles estratégicos de traductores e intérpretes. La transmisión de la información experta multilingüe en la sociedad del conocimiento del siglo XXI (pp. 143–160). Granada: Comares.

Forcada, M. (2019). *Traducción automática neuronal: cómo funciona y qué se puede esperar de ella*. Recuperado de https://ost.torrejuana.es/traduccion-automatica-neural-mikel-forcada/.

Fundéu (10 de octubre de 2018). *Comillas, uso de este signo ortográfico.* Recuperado de https://cutt.ly/0nKCrRK.

Hymes, D. (1974). *Foundations in Sociolinguistics*. Filadelfia: University of Pennsylvania Press.

ISO (2017). 18587 *International Standard. Translation services – Post-editing machine translation output – Requirement*. Recuperado de https://www.iso.org/standard/62970.html.

MAPA (2020). *Informe anual de la industria alimentaria española periodo 2019–2020*. Recuperado de https://www.mapa.gob.es/es/alimentacion/temas/industria-agroalimentaria/20210429informeanualindustria2019-2020ok_tcm30-542507.pdf.

O'Hagan, M. (2020). Introduction. Translation and technology: disruptive entanglement of human and machine. En M. O'Hagan (Ed.), *The Routledge Handbook of Translation and Technology* (pp. 1–18). Londres/Nueva York: Routledge.

Oliver, A. (2016). *Herramientas informáticas para traductores*. Barcelona: Editorial UOC.

Ortego Antón, M. T. (2019). *La terminología del sector agroalimentario español-inglés en los estudios contrastivos y de traducción especializada basados en corpus: los embutidos*. Berlín: Peter Lang.

Ortego Antón, M. T. y Fernández Nistal, P. (2020). Estudio contrastivo de la terminología de embutidos en inglés y en español con ParaConc y tlCorpus a partir del corpus paralelo P-GEFEM y del comparable C-GEFEM. En M. Seghiri (Ed.), *La lingüística de corpus aplicada al desarrollo de la competencia tecnológica en los estudios de traducción e interpretación y en la enseñanza de segundas lenguas* (pp. 23–48). Berlín: Peter Lang.

Ortiz, C. (2016). *Implementing Machine Translation and Post-Editing to the Translation of Wildlife Documentaries through Voice-over and Off-screen Dubbing*. Tesis doctoral. Barcelona: Universitat Autònoma de Barcelona.

Quah, C. K. (2006). *Translation and Technology*. Nueva York: Palgrave Macmillan.

Sánchez Ramos, M. M. y Rico Pérez, C. (2020). *Traducción automática. Conceptos clave, procesos de evaluación y técnicas de posedición*. Granada: Comares.

Sommers, H. (2003). Computers and Translation. A translator's guide. Ámsterdam / Filadelfia: John Benjamins.

Viver Sorolla, P. y Ortego Antón, M. T. (2020). El empleo de los sistemas de traducción automática del inglés al español en textos descriptivo-promocionales sobre belleza. En C. Botella Tejera, C. Iliescu Gheorghiu y J. Franco Aixelá (Eds.), *Translatum nostrum. La traducción y la interpretación en el ámbito especializado* (pp. 225–243). Granada: Comares.

La terminología del sector del café a través del corpus *DIACOM-es*: variación diatópica y enseñanza de la traducción*

*Dunia Hourani-Martín***, *Elisa Sartor*† *y Matteo De Beni*‡

RESUMEN

Nuestro propósito en este trabajo es dar cuenta de algunas posibilidades de explotación didáctica del corpus *DIACOM-es* en el ámbito de la traducción especializada en el sector agroalimentario, en concreto, estudiaremos el caso de la terminología del café. *DIACOM* es un proyecto para el estudio del léxico especializado del comercio en español y francés que se realizó en la Universidad de Verona en el marco de un «Proyecto de Excelencia» financiado por el Ministerio italiano de Educación, Investigación y Universidades (2018–2022). El diseño del corpus de español (*DIACOM-es*) ha previsto la incorporación de textos del ámbito comercial de los diferentes países hispanohablantes en Europa y América en tres cortes temporales: 1850–1914, 1945–1970 y 1990–2018.

Con el objetivo de realizar una contribución a la didáctica de la traducción especializada en la combinación lingüística italiano-español, efectuaremos la extracción de una muestra de unidades terminológicas en lengua española del sector del café y analizaremos su formación y sus aspectos semánticos. Dadas la composición del corpus *DIACOM-es* y la dimensión internacional del español, también atenderemos los casos de variación diatópica en el ámbito acotado.

Este trabajo nos permitirá comprobar la utilidad de *DIACOM-es* como herramienta para el aula de traducción especializada, además de poner de manifiesto algunos fenómenos variacionales dentro del subdominio del café.

Palabras clave: corpus especializados, comercio, *DIACOM*, traducción italiano-español, enseñanza de los lenguajes de especialidad

ABSTRACT

This paper aims at presenting some possibilities of didactic exploitation of the *DIACOM-es* corpus in the field of specialised translation in the agri-food sector, more specifically we will study the case of coffee terminology. *DIACOM* is a project for the study of the specialised lexicon of commerce in Spanish and French, which was carried out at the

* Aunque el presente ensayo se ha elaborado de forma conjunta, a efectos académicos, Dunia Hourani-Martín es responsable de los apartados 1 y 3; Elisa Sartor, del apartado 3.1; y Matteo De Beni, de los apartados 2 y 4.

** Departamento de Traducción e Interpretación, Universidad de Málaga, hourani@uma.es

† Dipartimento di Lingue e Letterature Straniere, Università di Verona, elisa.sartor@univr.it

‡ Dipartimento di Lingue e Letterature Straniere, Università di Verona, matteo.debeni@univr.it

University of Verona in the framework of a «Project of Excellence» funded by the Italian Ministry of Education, Research and Universities (2018–2022). The design of the Spanish corpus (*DIACOM-es*) is based on the inclusion of texts from the commercial field of the different Spanish-speaking countries in Europe and America from three time ranges: 1850–1914, 1945–1970 and 1990–2018.

With the objective of contributing to the didactics of specialised Italian-Spanish translation, we will extract a sample of Spanish-language terminological units from the coffee sector and analyse their formation and semantic aspects. Given the composition of the *DIACOM-es* corpus and the international extent of Spanish, we will also look at cases of diatopic variation in the examined field.

This work will allow us to check the usefulness of *DIACOM-es* as a tool for specialised translation classes, as well as to highlight some variation phenomena within the subdomain of coffee.

Keywords: specialised corpora, commerce, *DIACOM*, Italian-Spanish translation, teaching language for specific purposes

1. Introducción

Los estudios académicos sobre la traducción en el sector agroalimentario se caracterizan por ser muy recientes, especialmente en comparación con los del ámbito sanitario o publicitario, como indica Ortego Antón (2019, pág. 25). En su revisión de la literatura científica, la autora destaca algunos trabajos dedicados a productos agroalimentarios específicos: por ejemplo, en lo que se refiere a la terminología del aceite de oliva, señala la contribución de Montoro del Arco y Roldán Vendrell (2013, págs. 62–92) enfocada al español, inglés y chino, o bien el ensayo de Castellano Martínez (2018, págs. 31–36) según una perspectiva contrastiva francés-español. El sector vitivinícola, como era de esperar en consideración de su visibilidad, ha despertado mayor interés desde el punto de vista terminológico y es el objeto de estudio de varios grupos de investigación, como GIRTraduvino[1] de la Universidad de Valladolid o el proyecto WeinApp[2] de la Universidad de Córdoba. Entre quienes se han ocupado del estudio de la traducción vitivinícola, Ortego Antón (2019, pág. 28) señala el grupo interuniversitario ACTRES[3] de la Universidad de León, que incluye también en sus líneas de investigación otros productos del sector agroalimentario, como el queso o los embutidos.

---

1 En la página web correspondiente, https://girtraduvino.com/es/, se almacena una base de datos terminológica multilingüe (español, inglés, francés) que, en la actualidad (2022), cuenta con más de 600 fichas.

2 *Vid.* https://www.uco.es/weinapp/.

3 La página web de ACTRES se puede consultar a través del siguiente enlace: https://actres.unileon.es/wp/es/home-espanol/.

En el presente trabajo, que se enmarca en el ámbito del proyecto *DIACOM* de la Universidad de Verona (*cf.* De Beni y Hourani-Martín, 2020),[4] nos centraremos en un producto del sector agroalimentario cuyo consumo desempeña un papel fundamental tanto en la cultura hispana como en la italiana: el café. Debido a su peso en la economía de los países hispanófonos productores y exportadores mencionados en este artículo,[5] el subdominio del café es un ámbito particularmente adecuado para el estudio de la traducción especializada italiano-español y, por esta razón, es un campo de interés para titulaciones universitarias dedicadas a la traducción especializada, la mediación lingüística y los lenguajes de especialidad.[6]

---

4 El proyecto *DIACOM* fue desarrollado en el Departamento de Lenguas y Literaturas Extranjeras de la Universidad de Verona (Italia) en el seno del área lingüística del «Proyecto de Excelencia» *Le Digital Humanities applicate alle lingue e letterature straniere (2018–2022)* (https://dh.dlls.univr.it/). El proyecto *DIACOM* tuvo como finalidad la construcción de dos corpus de libre acceso, uno en español (*DIACOM-es*) y otro en francés (*DIACOM-fr*), que sirvan tanto para la investigación del lenguaje especializado del comercio como para la docencia de los cursos universitarios del Grado en Lenguas y Culturas para el Turismo y el Comercio Internacional y del Máster en Lenguas para la Comunicación Turística y Comercial que se imparten en la Universidad de Verona. El corpus español se puede consultar en línea a través de la siguiente página web: https://dh.dlls.univr.it/corpora/diacomes/ (De Beni, Hourani Martín y Sartor, 2022). Los datos cuantitativos del presente trabajo se refieren a *DIACOM-es* del año 2022, momento de redacción de este texto.

5 Entre los 12 mayores productores de café en 2020–2021, encontramos Colombia, Honduras, México, Perú, Guatemala y Nicaragua, cuya producción en sacos de café (60 kg) corresponde a 14 300 000, 6 236 000, 3 530 000, 3 369 000, 3 330 000 y 2 630 000, respectivamente. En cuanto al volumen de exportaciones, destacan Colombia, Honduras y Perú con 13 800 000, 5 607 000 y 3 324 000 sacos, respectivamente, según datos de Foreign Agricultural Service/USDA disponibles en https://www.fas.usda.gov/data/coffee-world-markets-and-trade.

6 En el caso de la Universidad de Verona, donde se desarrolló el proyecto *DIACOM*, se puede cursar el Máster en Lenguas para la Comunicación Turística y Comercial, de dos años de duración, en el que se imparte, entre otras, la asignatura de *Variedades del Español 2: turismo y comercio*. Se trata de un curso de segundo año destinado a estudiantes con conocimientos de variación lingüística y con un nivel avanzado de español. Los objetivos formativos que prevé la asignatura son el aprendizaje de terminología y de características y convenciones presentes en textos turísticos y comerciales, así como del manejo de herramientas digitales y de gestión de corpus en los ámbitos turísticos y comerciales para reconocer y resolver los problemas relacionados con la traducción especializada en dichos campos en la combinación lingüística italiano-español.

El objetivo del presente capítulo, por lo tanto, es proponer una metodología de extracción y análisis de términos (*vid.* apartado 3) que pueda ser utilizada por estudiantes de los ámbitos referidos como paso previo al proceso de traducción y a la creación de un glosario bilingüe a partir del corpus de español desarrollado en el proyecto *DIACOM*. El interés reside en que los estudiantes no solo se familiaricen con el empleo de corpus especializados para la extracción de terminología en el trabajo traductológico, sino que también tomen conciencia, a partir de los datos obtenidos del corpus, de la variación diatópica existente en el ámbito hispánico, incluso en campos de especialidad. De hecho, en consideración de la dimensión internacional del español, somos conscientes de la necesidad de emplear herramientas adecuadas. Más en general, creemos que una herramienta como *DIACOM-es* puede ayudar en la toma de decisiones por parte del (aspirante a) traductor especializado que trabaja con textos de comercio, ya que hay casos en los que no podemos recurrir exclusivamente a la definición del diccionario.

La utilidad del proyecto *DIACOM* en la didáctica de la terminología comercial ya ha sido constatada en trabajos anteriores, tanto para el francés (Bonadonna, 2020) como para el español (Hourani-Martín, 2021). Siguiendo esta línea, en el presente capítulo nos proponemos poner de manifiesto también su utilidad en el aula de traducción especializada. De hecho, el potencial de los corpus en la enseñanza y la práctica profesional de la traducción ha sido señalado en numerosos trabajos, como, por ejemplo, las contribuciones derivadas de las conferencias internacionales *Corpus Use and Learning to Translate–CULT* (Bernardini y Zanettin, 2000; Zanettin, Bernardini y Stewart, 2003; Beeby, Rodríguez Inés y Sánchez-Gijón, 2009; Gallego-Hernández y Rodríguez-Inés, 2016). No obstante, a pesar de las ventajas que ofrece su empleo, como pueden ser el acceso a una gran cantidad de datos reales o la extracción de terminología y fraseología que contribuyen a mejorar la calidad de la traducción, los corpus no llegan a imponerse en la realidad profesional (Aston, 2009, págs. IX-X; Gallego-Hernández, 2015, pág. 380). Entre las causas señaladas en la bibliografía especializada por las que su uso no se ha materializado entre los traductores profesionales, encontramos la cantidad de tiempo que conlleva la compilación de corpus y las dificultades asociadas a su consulta, bien porque no proporcionan soluciones instantáneas a las necesidades de los traductores (Aston, 2009, págs. IX-X), bien porque los programas de análisis de corpus y sus interfaces de consulta no están adaptados a las necesidades de los traductores (Gallego-Hernández, 2015, pág. 380; Fantinuoli, 2016, pág. 65); asimismo, cabe indicar el hecho de que pocos traductores profesionales han aprendido a utilizar herramientas de análisis de corpus (Fantinuoli, 2016, pág. 64) —debido a que su incorporación en los programas académicos aún no está extendida (*cf.* Frérot, 2016, págs. 44–45)— y la carencia de corpus especializados de acceso abierto (Gallego-Hernández, 2015, pág. 376).

Con el proyecto *DIACOM*, el Departamento de Lenguas y Literaturas Extranjeras de la Universidad de Verona quiso contribuir a paliar este último aspecto, pues los dos corpus que llevan el mismo nombre (*DIACOM-es* para el español, *DIACOM-fr* para el francés) han sido puestos a disposición del público a finales de 2022 gracias al «Proyecto de Excelencia» financiado por el Ministerio italiano de Educación, Universidad e Investigación (*vid.* nota 4).

2. Metodología

El diseño del corpus *DIACOM-es* (*cf.* De Beni y Hourani-Martín, 2020) se articula en tres ejes:

- Cronológico. Hemos considerado tres cortes temporales correspondientes a tres periodos decisivos en la evolución del comercio internacional: 1850–1914 (la segunda revolución industrial), 1945–1970 (la posguerra) y 1990–2018 (la revolución digital y la globalización).
- Extralingüístico. Hemos estructurado el campo de especialidad en las siguientes categorías temáticas:

Tabla 1: Dominios y subdominios considerados en el corpus DIACOM

Dominios	Subdominios
Macroeconomía y economía internacional (Comercio global entre países, macroáreas, comercio dentro de un país determinado, etc.)	Relaciones internacionales/ Política comercial Países/Áreas de estudio Aspectos sociales
Sectores (Comercio e internacionalización de sectores específicos)	Productos Servicios
Empresa (Estrategias de internacionalización y comerciales de la empresa; actividades para el comercio internacional y la internacionalización de la empresa)	Administración (*management*) *Marketing* Logística Comercio electrónico Derecho

Fuente: De Beni y Hourani-Martín (2020, pág. 85).

- Textual. Hemos incorporado cuatro tipos de documentos con diferente grado de especialización: textos institucionales, textos empresariales, textos académicos y textos periodísticos.

Asimismo, en el caso concreto del corpus español, se puede añadir un cuarto eje, el panhispánico, dado que las muestras que forman parte de *DIACOM-es* proceden de todos los países hispanohablantes en Europa y América.

Como se puede apreciar, por su diseño, el corpus *DIACOM-es* permite la consulta de los textos en su totalidad o la restricción de la consulta a un corte temporal determinado, un tipo textual o país concretos o a un dominio o subdominio de especialidad específico. Para nuestros propósitos, hemos seleccionado textos hispanoamericanos del último corte temporal (1990–2018) que, según la clasificación de la Organización Mundial del Comercio, hacen referencia a los productos del reino vegetal. El subcorpus seleccionado se compone de 277 430 *tokens* y de textos académicos e institucionales procedentes de Colombia, Ecuador, El Salvador, Honduras, México y Perú. Como se infiere de la nómina de países, están representados algunos de los principales productores y exportadores mundiales de café (*vid.* nota 5).

Para la extracción de terminología que presentamos, hemos empleado el programa de análisis de corpus Sketch Engine[7] y el programa de extracción terminológica TermoStat.[8] No obstante, desde finales de 2022, el corpus *DIACOM-es* se puede consultar, de forma gratuita, a través del programa KonText[9] (Machálek, 2014).

A fin de poder contrastar los resultados que ofrece *DIACOM-es* con los aportes de obras lexicográficas y textuales de referencia, hemos realizado la comprobación de una selección de voces del ámbito del café en el *Diccionario de la Lengua Española* (*DLE*) de la RAE y la ASALE, en el *Diccionario de americanismos* (*DA*) de la ASALE y en los corpus académicos del español cuyo arco temporal se solapa con el corte cronológico considerado: el *Corpus de*

7 https:// www.sketchengine.eu.

8 http:// termostat.ling.umontreal.ca.

9 Se trata de una herramienta de gestión de corpus y extracción terminológica de acceso abierto que fue adaptada a las necesidades del proyecto por el equipo de informáticos del Departamento como interfaz de consulta de los corpus *DIACOM-es* y *DIACOM-fr*: https://dh.dlls.univr.it/corpora/kontext/corpora/corplist.

Referencia del Español Actual (CREA) y el *Corpus del Español del Siglo XXI* (*CORPES XXI*).

3. Análisis de términos relacionados con el mundo del café

Tras la búsqueda de candidatos a término a través de TermoStat, combinada con las búsquedas de términos clave (*Keywords*), combinaciones de palabras (*Word Sketch*) y búsquedas puntuales de concordancias (*Concordance*) en Sketch Engine,[10] presentamos los resultados de la extracción terminológica a partir de *DIACOM-es* de la familia léxica del café y de aquellas formaciones pluriverbales que contienen *café* entre sus elementos, agrupados por grandes campos temáticos en la Tabla 2. En ella, así pues, registramos todos los términos del ámbito del café coherentes con los cuatro campos que hemos definido de forma inductiva tras la extracción. Aquellos términos para los que hemos encontrado variantes aparecen separados por barras.

Del extracto de términos podemos observar que, formalmente, además de términos univerbales, las dos estructuras morfosintácticas más productivas para formar términos pluriverbales son [sustantivo + adjetivo] y [sustantivo + preposición + sustantivo]. En ambos casos, *café* puede incorporarse al sintagma nominal sea como núcleo sustantivo, dando lugar a unidades hipónimas del tipo *café robusta* o *café en grano*, sea como modificador de la unidad; en este último caso, puede precisar al núcleo bien en forma de sintagma preposicional bien transformado en adjetivo.

Es en este último patrón compositivo en el que vamos a detener nuestra atención, pues es aquí donde mayor variación encontramos entre el sintagma *de café* y los adjetivos derivados *cafetalero* y *cafetero* que compiten, incluso, con términos compuestos en la denominación de la actividad y de sus agentes. De hecho, la combinación [sustantivo + *cafetalero*] aparece en nuestro subcorpus en 144 ocurrencias, mientras que [sustantivo + *cafetero*] tiene 26 ocurrencias.

---

[10] Hemos decidido emplear de manera combinada los dos programas aludidos —Termostat y Sketch Engine— y las diferentes utilidades de este último, puesto que consideramos que uno de los objetivos de los cursos dedicados a la traducción especializada es —o debería ser— el aprendizaje del manejo de diferentes herramientas de análisis de corpus.

Tabla 2: Resultados de la extracción de la familia léxica de *café*

Campos temáticos	Términos
Cultivo, cosecha, procesamiento y sus agentes	agricultor cafetalero / agricultor productor de café / cafetalero / cafetero / cafeticultor / caficultor / campesino caficultor / productor cafetalero / productor cafetero / productor de café; cafetal / plantación de café; cafeticultura / caficultura / cultivo de(l) café; cafeto / planta de(l) café; café (en) pergamino; café verde / café físico / café oro; cereza del café / fruto del café / café (en) cereza / café uva fresca / café en uva; fábrica de café; fabricante de café; grano de café; hectárea de café; hoja del café; industrias procesadoras de café; lavado del café; manipulación del café; onza de café; oreado del café; poda de café; procesado de café; producción de(l) café / producción cafetalera / producción cafetera; quintal de café; secado del café; superficie cafetalera; tonelada de café; unidad cafetalera
Proceso de distribución y comercialización y sus agentes	cadena de(l) café / cadena cafetalera / cadena cafetera; cadena de valor del café; comercio de café; consumo de café; consumidor de café; cooperativa de café / cooperativa cafetalera; costo del café; demanda de café; exportación de(l) café; exportador de café; importador de café; marca de café; mercado cafetalero / mercado de café; oferta de café; precio de(l) café; transporte del café; venta de café
Formas de comercialización del producto y calidad	café corriente; café de altura; café de comercio justo; café de estricta altura; café en grano; café en lote; café estándar; café instantáneo / café soluble; café liofilizado; café molido; café natural; café orgánico; café tostado; calidad del café
Variedades	café robusta; café arábica / café arábiga / café arábico

Hemos observado también 3 casos de [sustantivo + *caficultor*] en textos de México y Ecuador. Además, hemos detectado cierta competencia entre estos adjetivos en función de modificador del mismo núcleo, por ejemplo, en *actividad cafetalera / actividad cafetera*, *sector cafetalero / sector caficultor*. La misma variabilidad se da en las formaciones onímicas con las que se denominan los organismos, gremios e instituciones propios de este sector, como se puede ver en *Consejo Cafetalero Nacional* (EC03) y *Fondo Cafetero Nacional* (HN02).[11]

Desde luego, la intercambiabilidad entre *cafetalero* y *cafetero* está respaldada por el *Diccionario de americanismos*, que lematiza el primer adjetivo

[11] Al presentar los ejemplos textuales se empleará el código del país según la norma ISO 3166-1 alfa 2 (CO, EC, HN, MX, PE, SV) y el número identificativo del texto.

con la acepción de «Relativo al café» en algunos contextos diatópicos concretos, entre ellos, México, El Salvador, Colombia y Perú, ampliando de esta manera el contenido semántico registrado por el *Diccionario de la Lengua española*. De hecho, en este último recurso lexicográfico, se reserva la definición «Perteneciente o relativo al café» para *cafetero* y se consigna, en cambio, «Que tiene cafetales» como única acepción para la voz *cafetalero*. En cuanto al uso de *caficultor* con función de adjetivo, cabe señalar que las ocurrencias son esporádicas y limitadas a textos de México y Ecuador. Ahora bien, su superposición semántica con *cafetalero* no se debe a la acepción de «Relativo al café» de este último, sino más bien al significado propio que procede del lema *cafetal*, y que se recoge en la definición de *caficultor* del *DA*: «Agricultor que cultiva cafetales», con marca diatópica de Ecuador y la marca diafásica *cult* → *esm*, que señala en el diccionario en cuestión el registro culto en estilo esmerado.

3.1. La variación en la denominación de la actividad y sus agentes

Con vistas al análisis de la variación denominativa, hemos seleccionado en esta ocasión dos series léxicas de las agrupadas en el campo designado «Cultivo, cosecha, procesamiento y sus agentes», la primera de ellas relacionada especialmente con la actividad de cultivo del café y la segunda, con los agentes que la realizan.

3.1.1. Cafeticultura / caficultura / cultivo de(l) café

La extracción terminológica nos ha permitido determinar las ocurrencias de los términos que sirven para denominar la actividad mediante la cual se cultiva la planta del café, como se ve en los ejemplos siguientes, procedentes del subcorpus seleccionado:

a) Los desafíos anteriores se analizaron para identificar los puntos críticos de la cafeticultura ecuatoriana, considerados como los limitantes del desarrollo de su competitividad en los mercados actuales. (EC03)
b) El principal desafío de la caficultura es incrementar la productividad, en especial de los pequeños productores; para lograrlo, se debe superar el estancamiento tecnológico en que se encuentran actualmente. (HN02)
c) El Comercio Justo (CJ) en Centroamérica se ha expandido, en parte, gracias a la labor de un creciente número de organizaciones rurales,

principalmente dedicadas al cultivo de café, que han visto en esta iniciativa una opción para mejorar, aunque sea someramente, las condiciones de vida de sus agremiados y sus familias. (MX01)

d) Con el desarrollo del programa, los productores han logrado un sustancial incremento de sus ingresos; el desarrollo sostenible en el cultivo del café beneficia a todos, a los productores colombianos y a los consumidores europeos que toman una taza de café con garantía de calidad, de producción ecológica y control sanitario. (PE01)

Como se puede ver en la Tabla 3, el término con mayor difusión es la lexía compleja *cultivo del café*, cuya estructura morfosintáctica [sustantivo + preposición + sustantivo] es una de las más productivas en nuestro subcorpus. El término pluriverbal *cultivo del café* se da 16 veces en 6 textos de Ecuador, Honduras, México y Perú. En cuanto a los dos términos univerbales, *caficultura* y *cafeticultura*, ambos presentan una estructura idéntica obtenida a través de la composición del lexema *caf(é)/cafet(al)* y del formante culto *-cultura*, unidos gracias a la vocal de enlace *i*. El primero se observa 12 veces en 3 textos de Ecuador, Honduras y Perú, mientras que el segundo se da en 14 casos en 3 textos de Ecuador y México, si bien no se recoge en las obras lexicográficas académicas. Los resultados hallados en *CORPES XXI* son parcialmente coherentes con los proporcionados por nuestro subcorpus, ya que la herramienta académica devuelve 9 ocurrencias de *cafeticultura* procedentes de 2 textos de México y 1 de Colombia.

Caficultura, en cambio, entró en la edición de 2001 del *DRAE* (22.ª ed.) con marcas diatópicas de Colombia, El Salvador, Guatemala, Nicaragua, Puerto Rico y Venezuela y significado de «Cultivo del café». Esta definición se mantiene en la actual versión del *DLE*, aunque ya sin marcación diatópica. En el *DA* se recoge con la misma acepción y las marcas diafásicas que indican los usos prestigioso y culto de estilo esmerado en los mismos países mencionados arriba, más Honduras, Costa Rica, República Dominicana, Ecuador, Perú y Bolivia. Este mismo repertorio añade una segunda acepción de «Conjunto de técnicas para mejorar el cultivo del café», limitada a Guatemala, Honduras, El Salvador y Nicaragua. La atestiguación más antigua que hemos podido encontrar en el *CREA* se remonta a un texto sobre Nicaragua publicado en México en 1985. En la actualidad, según los datos recogidos en *CORPES XXI*, *caficultura* tiene cierta vitalidad y difusión, puesto que se dan 134 ocurrencias en 53 textos principalmente del Caribe continental, México y Centroamérica.

Tabla 3: Ocurrencias de las denominaciones de la actividad de cultivo del café

Cultivo de(l) café	16 ocurrencias	6 textos (EC02, HN02, MX01, MX02, MX03, PE01)
Cafeticultura	14 ocurrencias	3 textos (EC03, MX02, MX03)
Caficultura	12 ocurrencias	3 textos (EC03, HN02, PE01)

Desde luego, en algunos de los textos del subcorpus acotado también hemos detectado variación intratextual (*vid.* Tabla 3), puesto que se usa tanto *cultivo de(l) café* como *caficultura* (HN02) o *cafeticultura* (MX02), o bien *cafeticultura* y *caficultura* (EC03).

3.1.2. Agricultor cafetalero / agricultor productor de café / cafetalero / cafetero / cafeticultor / caficultor / campesino caficultor / productor cafetalero / productor cafetero / productor de café

La denominación de los agentes es bastante más amplia y variada que la de la actividad del cultivo del café. De hecho, hemos detectado hasta 10 términos en el subcorpus (*vid.* Tabla 4). La opción más representada es *productor de café*, con 42 ocurrencias; este término se puede combinar con otros modificadores que permiten precisar y restringir su significado, por ejemplo, *productor de café orgánico*:

a) A lo largo de este periodo, 25 millones de productores de café se hundieron en la pobreza y las familias campesinas abandonaron las plantaciones para buscar otros modos de vida. (SV01)
b) Actualmente, México es el segundo productor de café orgánico a nivel mundial, solamente superado por Perú. (MX03)

Como era de esperar, en el subcorpus estudiado los agentes se denominan también con los sustantivos derivados de *caficultura* y *cafeticultura*, a saber, *caficultor* y *cafeticultor* (28 y 4 ocurrencias, respectivamente), además de *cafetero* y *cafetalero* con función de sustantivo:

a) Un equipo de unos mil especialistas y técnicos del café visitan con regularidad a los caficultores colombianos y les forman y actualizan sobre diversas cuestiones relacionadas con el mantenimiento de la calidad del café y las últimas tecnologías en su cultivo. (PE01)

b) En la agricultura mexicana, la cafeticultura representa un renglón de relevante importancia económica, social y ecológica, en virtud de que se cultivan 761,165 hectáreas pertenecientes a 282,593 cafeticultores de 12 entidades, predominando los minifundistas. (MX02)
c) Para velar por la calidad del café, la FNC [Federación Nacional de Cafeteros de Colombia] puso en marcha, en 1959, un programa de formación para los cafeteros, que todavía sigue activo. (PE01)
d) En Nicaragua, donde la población campesina no está excluida de los resabios de la guerra civil, y, por lo general, los cafetaleros aún dentro del CJ [comercio justo], padecen un endeudamiento endémico que los mantiene enredados en la trampa de la pobreza aparentemente de manera indefinida, la situación se observa complicada. (MX03)

Asimismo, podemos observar que los términos *caficultor*, *cafetero* y *cafetalero*, así como también la lexía compleja *productor de café*, se unen a otros núcleos terminológicos, especificándolos y dando lugar a términos pluriverbales cuya estructura es [sustantivo + adjetivo], como muestran los siguientes ejemplos:

a) Las dificultades de acceso a las fuentes formales de crédito, debido, en la mayoría de casos, a la falta de títulos de propiedad de las fincas, ha llevado a los campesinos caficultores a acudir a los comerciantes y a las cooperativas de productores, especialmente en épocas de crisis de la actividad. (EC02)
b) Haciendo una comparación de costos y beneficios de los pequeños agricultores cafetaleros dentro del CJ [comercio justo] y del comercio tradicional, se observa que el pequeño productor cafetalero no organizado, es decir, el que actúa de manera independiente y por cuenta propia, posee en promedio dos hectáreas de cafetal, con una cosecha por hectárea de tres quintales de café. (PE01)
c) En el año 1993, la junta nacional del café representa a los agricultores productores de café y presenta las siguientes estrategias, a fin de poder sobrellevar la crisis financiera que afectó a la economía peruana. (PE01)
d) El acceso a tierra, por parte de los pequeños productores cafeteros, se ha dado principalmente a través de procesos de colonización y por herencia. (EC02)

Tabla 4: Ocurrencias de las denominaciones de los agentes

Productor de café	42 ocurrencias	9 textos (EC02, EC05, HN02, HN03, MX01, MX02, MX03, PE01, SV01)
Caficultor	28 ocurrencias	8 textos (EC02, EC03, EC05, HN02, HN03, MX01, PE01, SV01)
Productor cafetalero	9 ocurrencias	3 textos (MX01, MX02, PE01)
Agricultor productor de café	7 ocurrencias	1 texto (PE01)
Productor cafetero	4 ocurrencias	3 textos (EC02, EC05, PE01)
Cafeticultor	4 ocurrencias	1 texto (MX02)
Cafetalero	3 ocurrencias	1 texto (MX01, MX03, PE01)
Campesino caficultor	2 ocurrencias	2 textos (EC02, MX01)
Cafetero	1 ocurrencia	1 texto (PE01)
Agricultor cafetalero	1 ocurrencia	1 texto (PE01)

En cuanto a la distribución de los términos empleados para denominar los agentes, también hemos observado cierta variación dentro del mismo texto: en PE01, por ejemplo, aparecen todas las denominaciones de la Tabla 4 excepto *campesino caficultor* y *cafeticultor.*

4. Conclusión

En el presente trabajo hemos mostrado, a partir del corpus *DIACOM-es*, un ejemplo de extracción y análisis de términos dedicado al ámbito del café, uno de los cuantiosos campos relacionados con el dominio del comercio. El extracto de las voces y su examen léxico-semántico y morfológico permite observar, entre otros, fenómenos de variación denominativa en documentos redactados en distintos países hispanoamericanos. Por lo tanto, es una actividad que permite concienciar a los estudiantes de traducción y de lenguajes especializados acerca de la índole variacional del español en el eje geográfico y en un sector concreto. Consideramos, además, que *DIACOM-es* puede servir como herramienta para extraer términos como paso previo a la traducción especializada en uno de los muchos (sub)ámbitos del dominio del comercio.

Por último, en cuanto a las aplicaciones terminológicas y didácticas del proyecto *DIACOM*, merece la pena destacar que el equipo de español ha elaborado un modelo de ficha terminológica que da cuenta, entre otros aspectos, de la variación diacrónica de la terminología del comercio —dado que *DIACOM* recoge textos desde mediados del siglo XIX hasta nuestros días— y de la variación diatópica, de cuya riqueza hemos ofrecido una muestra en este trabajo. A partir del diseño de la red terminológica a través del modelo OntoLex-Lemon (McCrae *et al.*, 2017), se ha creado una representación de los datos recogidos que tiene forma de red léxico-semántica en formato digital: *ReTeCE* (Costa León, Hourani Martín y De Beni, 2023).[12]

Agradecimientos

Este trabajo es fruto del proyecto *Le Digital Humanities applicate alle lingue e letterature straniere*, financiado por el Ministerio italiano de Educación, Universidad e Investigación en el marco de una convocatoria para departamentos de excelencia (http://dh.dlls.univr.it/), y del proyecto INMOCOR (Ref. P20_00109).

Referencias bibliográficas

Aston, G. (2009). Foreword. En A. Beeby, P. Rodríguez Inés y P. Sánchez-Gijón (Eds.), *Corpus Use and Translating. Corpus use for learning to translate and learning corpus use to translate* (pp. IX-XX). Amsterdam/Philadelphia: John Benjamins.

Beeby, A., Rodríguez Inés, P. y Sánchez-Gijón, P. (Eds.). (2009). *Corpus Use and Translating. Corpus use for learning to translate and learning corpus use to translate*. Amsterdam/Philadelphia: John Benjamins.

Bernardini, S. y Zanettin, F. (Eds.). (2000). *I corpora nella didattica della traduzione. Corpus Use and Learning to Translate*. Bologna: CLUEB.

Bonadonna, M. F. (2020). L'enseignement des notions métaterminologiques en français L2 : un parcours fondé sur les corpus spécialisés. *Cahiers de Lexicologie*, *117*, 11–34.

[12] https://dh.dlls.univr.it/corpora/retece/.

Castellano Martínez, J. M. (2018). Terminología y olivicultura (francés-español): fundamentos teóricos y culturales para la traducción. En M.ª del M. Rivas Carmona y M.ª Z. Veroz González (Eds.), *Agroalimentación: lenguajes de especialidad y traducción* (pp. 31–36). Granada: Comares.

CORPES XXI = Real Academia Española. *Corpus del Español del Siglo XXI.* Recuperado de https://www.rae.es/corpes/

Costa León, P. R., Hourani Martín, D. y De Beni, M. (2023). *Red Terminológica del Comercio en Español: Esferas temporales y espaciales (ReTeCE).* Recuperado de https://dh.dlls.univr.it/corpora/retece/.

CREA = Real Academia Española. *Corpus de Referencia del Español Actual.* Recuperado de https://www.rae.es/banco-de-datos/crea

DA = Asociación de Academias de la Lengua Española (2010). *Diccionario de americanismos.* Recuperado de https://lema.rae.es/damer/?key=

De Beni, M. y Hourani-Martín, D. (2020). El discurso especializado del comercio en español: diseño de un corpus para su estudio diacrónico. *Lexis, 44*(1), 75–112.

De Beni, M., Hourani Martín, D. y Sartor, E. (2022). *DIACOM-es.* Recuperado de https://dh.dlls.univr.it/corpora/diacomes/

DLE = Real Academia Española y Asociación de Academias de la Lengua Española (2014-). *Diccionario de la lengua española* (23.ª ed.). Recuperado de https://dle.rae.es/

DRAE = Real Academia Española (2001). *Diccionario de la lengua española* (22.ª ed.). Recuperado de https://www.rae.es/drae2001/

Fantinuoli, C. (2016). Revisiting corpus creation and analysis tools for translation tasks. *Cadernos de Tradução, 36* (n.º especial 1), 62–87.

Foreign Agricultural Service/USDA. Recuperado de https://www.fas.usda.gov/data/coffee-world-markets-and-trade

Frérot, C. (2016). Corpora and corpus technology for translation purposes in professional and academic environments. Major achievements and new perspectives. *Cadernos de Tradução, 36* (n.º especial 1), 36–61.

Gallego-Hernández, D. (2015). The use of corpora as translation resources: A study based on a survey of Spanish professional translators. *Perspectives: Studies in Translatology, 23*(3), 375–391.

Gallego-Hernández, D. y Rodríguez-Inés, P. (Orgs.) (2016). *Corpus Use and Learning to Translate, almost 20 years on*. *Cadernos de Traduçao, 36* (n.º especial 1), 09–13.

Hourani-Martín, D. (2021). El uso del corpus DIACOM para la enseñanza de terminología comercial: aplicaciones y posibilidades. En E. Sartor (Ed.), *Los corpus especializados en la lingüística aplicada: enseñanza y traducción* (pp. 185–203). Mantova: Universitas Studiorum (Col. *Pliegos Hispánicos*).

McCrae, J. P., *et al.* (2017). The OntoLex-Lemon Model: Development and Applications. En I. Kosem *et al.* (Eds.), *Electronic lexicography in the 21st century. Proceedings of eLex 2017 Conference* (pp. 587–597). Brno: Lexical Computing CZ s.r.o. Recuperado de https://elex.link/elex2017/wp-content/uploads/2017/09/paper36.pdf

Machálek, T. (2014). KonText – Corpus Query Interface. Praha: Filozofická fakulta Univerzity Karlovy. Recuperado de http://kontext.korpus.cz/.

Montoro del Arco, E. T. y Roldán Vendrell, M. (2013). Terminología, normalización y comunicación: las categorías de aceite de oliva en español, inglés y chino. *Terminology, 19*(1), 62–92.

Ortego Antón, M.ª T. (2019). *La terminología del sector agroalimentario (español-inglés) en los estudios contrastivos y de traducción especializada basados en corpus: los embutidos*. Berlin: Peter Lang.

Zanettin, F., Bernardini, S. y Stewart, D. (Eds.) (2003). *Corpora in Translator Education*. Manchester: St. Jerome.

www.ingramcontent.com/pod-product-compliance
Ingram Content Group UK Ltd.
Pitfield, Milton Keynes, MK11 3LW, UK
UKHW041825031026
15587UKWH00002B/575

9 783631 9297